行\知\茶\文\化\丛\书

读懂普洱茶

马哲峰 著

中州古籍出版社

·郑州·

图书在版编目（CIP）数据

读懂普洱茶 / 马哲峰著. —郑州：中州古籍出版社，
2022.10

（行知茶文化丛书）

ISBN 978-7-5738-0296-5

Ⅰ．①读… Ⅱ．①马… Ⅲ．①普洱茶-茶文化

Ⅳ．①TS971.21

中国版本图书馆CIP数据核字(2022)第165754号

DUDONG PU'ER CHA

读懂 普洱茶

丛书策划：韩　朝
责任编辑：崔李仙
责任校对：陈　雨
装帧设计：赵启航

出版发行：中州古籍出版社
　　　　　地址：郑州市郑东新区祥盛街27号6层
　　　　　电话：0371-65788693
经　　销：河南省新华书店发行集团有限公司
承印单位：河南金雅昌文化传媒有限公司
开　　本：710mm×1000mm　16开
印　　张：16.5
字　　数：170千字
版　　次：2022年10月第1版
印　　次：2022年10月第1次印刷
定　　价：68.00元

若发现印装质量问题，影响阅读，请与出版社联系调换。

总　序

知行合一，习茶之道

郭孟良

　　好友马君哲峰，擅于言更敏于行，中原茶界活动家也。近年来创办行知茶文化讲习所，致力于中华茶文化的教育传播。他一方面坚持海内访茶、习茶之旅，积累实践经验，提升专业素养，并以生花妙笔形诸文字，发表于纸媒或网络，与师友交流互鉴；另一方面在不断精化所内培训的同时，走进机关、学校、社区、企业，面向公众举办一系列茶文化专题讲座，甚得好评。今整理其云南访茶二十二记，编为《普洱寻茶记》，作为"行知茶文化丛书"的首卷，将付剞劂，用广其传，邀余为序。屡辞不获，乃不揣浅陋，以"知行合一，习茶之道"为题，略陈管见，附于卷端，以为共勉。

　　知行合一，乃我国传统哲学的核心范畴，所讨论的原是道德知识与道德践履的关系。《尚书·说命》即有"非知之艰，行之惟艰"的说法。宋代道学家于知行观多所探索，朱子集其大成，提出了知行相须、知先行后、行重于知等观点。至明代中叶，阳明心学炽盛，以良知为德性本体、致良知为修养方法、知行合一为实践工夫、经世致用为为学旨归，从而成就知行合一学说。以个人浅见，知行合一可以作为茶人习茶之道，亦可以作为"行知茶文化丛书"的理论支撑，想必也是哲峰创办行知茶文化讲习所的初衷。

知行本体，习茶之基。知行关系可以从两个层面来理解，一般来说，知是一个主观性、人的内在心理的范畴，行则是主观见之于客观、人的外在行为的范畴；而就本体意义上说，二者是相互联系、相互包含、不可割裂为二、也不能分别先后的，"知之真切笃实处即是行，行之明觉精察处即是知"。茶文化的突出特征是跨学科、开放型，具有综合效应、交叉效应和横向效应，既以农学中唯一一个以单种作物命名的二级学科茶学为基础，更涉及文化学、历史学、经济学、社会学、民俗学、文艺学、哲学等相关学科，堪称多学科协同的知识枢纽，故而对茶人的知识结构要求甚高。同时，茶文化具有很强的实践性特征，表现为技术化、仪式化、艺术化，需要学而时习、日用常行、著实践履。因此，茶文化的修习必须坚持知行本体，以求知为力行，于力行中致知，其深层意蕴远非简单的"读万卷书行万里路"所可涵盖。

知行工夫，习茶之道。阳明先生的知行合一既是一个本体概念，更是"一个工夫""不可分作两事"。这与齐格蒙特·鲍曼"作为实践的文化"颇有异曲同工之妙。一方面，"知是行的主意，行是知的工夫""真知即所以为行，不行不足以谓之知"，作为主观的致知与客观的力行融合并存于人的每一个心理、生理活动之中，方可知行并进；另一方面，"知是行之始，行是知之成"，亦知亦行、且行且知是一个动态的过程。茶文化的修习亦当作如是观，博学之，也是力行不怠之功，笃行之，只是学之不已之意；阅读茶典、精研茶技是知行工夫，寻茶访学、切磋茶艺何尝不是知行工夫；只有工夫到家，方可深入堂奥。从现代意义上说，就是理论与实践相统一。

人文化成，习茶之旨。阳明晚年把良知和致良知纳入知行范畴，"充拓""至极""实行"，提升到格致诚正修齐治平的高度。茶虽至细之物，却寓莫大之用，成为中华优秀传统文化的重要载体，人类文明互鉴和国际交流的元素与媒介。在民族伟大复兴、信息文明发轫、文化消费升级的背景下，茶文化的修习与传播，当以良知笃行为本，聚焦时代课题、家国情怀、国际视野，以茶惠民，清心正道，以文化成，和合天下，为中华民族共同体和人类命运共同体的构建发挥其应有之义。

基于上述认识，丛书以"行知"命名，并非强调行在知前，而是在知行合一的前提下倡导力行实践的精神。作为一个开放性的丛书，我们希望哲峰君的寻茶、讲茶之作接二连三，同时更欢迎学界博学、审问、慎思、明辨的真知之作，期待业界实践、实操、实用、实战的笃行之作，至于与时俱进、守正开新的精品杰构、高峰之作，当寄望于天下茶人即知即行，共襄盛举，选精集粹，众志成城，共同致力于复兴中华茶文化、振兴中国茶产业，以不辜负这个伟大的新时代。

戊戌春分于郑州

郭孟良，历史文化学者，茶文化专家，出版有《中国茶史》《中国茶典》《游心清茗：闲品〈茶经〉》等著作。

序　言

茶山漫游寻正味，自在悠然品沁香

黎晓阳

在有关普洱茶知识的大量书籍中，马哲峰先生的著作不仅值得阅读，而且值得悉心研学，多读几遍。特别是由他牵头撰写的"行知茶文化丛书"，早已是爱茶者的案头必备，并成为普洱茶界从入门到熟习的专业读本。

我与马老师素未谋面，却神交已久。之前在《普洱》杂志上写文化评论，马老师常有专业文章同期发表，我们彼此陌生，却已然是并肩前行的战友。尔后幸得黄素贞主编的引荐，我俩互加好友，逐渐成了相谈甚欢的"老友"。

从社交平台的私聊到阅读马老师的文章、著作，我已深刻感受到马老师在普洱茶治学上的专注与严谨。多年来，他带领团队深入普洱茶山，探寻那些隐于山野之中的古树名茶与纯山正味，与茶山村寨中的资深茶人就普洱茶的种植、炒制和品鉴等进行交流。他将自己关于制茶、品茶之道的广博学识与深厚体悟悉数注入字里行间，沁香随性而至，典故信手拈来。他的作品，读来总是令人唇齿留香，雅致舒畅，正如品饮一杯上好的古树普洱。

初入此道的爱茶者，仅凭着翻翻茶书，或参加过几次茶会，多少能说出类似"禅茶一味""香气高扬"等词句。然而，在近年来茶叶市场众声喧哗的背景下，能够做到对普洱茶自诞生以来长达千百年的发展历程了然于胸，熟谙普洱茶的渊源、品类、口味，以及种茶、制茶、泡茶和品茶的全过程，则绝非几日之功。若要再上一个层次，准确把握普洱茶本质，建立并引导读者走上普洱茶品饮和消费的正确路径，理解学茶、品茶过程中应该秉持的平和心态，则更是考验作者功力。

通读这本《读懂普洱茶》，可以感受到在通俗浅近的流畅文笔背后，作者马哲峰的高妙造诣与良苦用心。他通过旁征博引的叙述讲解和丰富翔实的图片，向读者展示了一位普洱茶研习者深厚的文化底蕴和茶道修为。

马哲峰先以古茶树引出普洱茶的典故和渊源，他实地探访了那些传说中闻名于世的古茶树，对这些茶树进行了历史及生态层面的探究，同时也厘清了行业中的某些迷思和概念。接着，他便从地域、时令、嫩度、纯异等多个层面，对普洱茶的产地与种植进行了细致阐述，并提出自己的观点。而后，又从初制、发酵、精制工艺，到普洱茶的收藏、评鉴，逐项介绍，最终上升至普洱美学的理论高度，从形态、汤色、香气、滋味和叶底等角度，带领读者全面感受普洱茶之美。

书中记录了马哲峰与茶人们的互动交流，也让我们感知到一个个受到普洱茶滋养的可爱又可敬的生动灵魂。无论是茶山上辛勤采摘的茶农，还是炒锅旁挥汗如雨、手工杀青的非遗传承人，抑或是在渥堆发酵和后期精制中苦心探索的一代茶人，他们都将人类千百年来的智慧结晶与追寻美好的坚韧品质融为一体。那些在盎然蓬勃的枝干中生发出来的叶片，经历了风霜寒露的洗礼，由粗砺质朴的勤劳双手摘下，再经过结合了古老传承与现代科技的技法的加工制作，最终化为盘桓在人们舌尖的丰富滋味。

尽管书中充盈着普洱茶学的理论干货，阅读过程中却绝无艰深晦涩之感，个中秘诀，正在于马哲峰并未作常规化的学术理论讲解，而只是进行身临其境的游历记录与美学漫谈。每个话题都融入了他在各大茶山、初制所和精制车间的游历体验，字里行间也渗透着他本人数十年研习普洱茶的真知灼见。

比如在"匠心制茶：初制工艺"一章中，马哲峰列数古茶山中各大山头村寨不同的工艺手法，探究它们背后的地理因素和历史渊源。"一山一茶，一茶一味"，正是普洱茶从采摘与初制阶段便呈现出的各自的特质。而在"匠心制茶：熟茶发酵"与"匠心制茶：精制工艺"两章中，他又图文并茂地呈现了普洱茶渥堆发酵工艺的发展演变，茶人们的创新探索与精益求精：如何精细构思，如何挑选场地和泉水，如何翻堆、捂盖、控制温度……谈及普洱茶收藏，他则是从老茶的概念梳理延伸到老茶仓储的技术原理，并且对投资升值等现实课题也提出了自己的思考。马哲峰将自身对普洱茶的理解认知娓娓道来，从而让"普洱美学"一章中理论体系的归纳提炼显得水到渠成。

跟随着作者的文字徜徉于古树茶园与茶道美学之间，让人不禁心生感叹，这小小一枚叶片，竟然承载着如此沉厚的历史文化。全书架构正如一片大叶种茶，从叶柄的扩散舒展，到叶尖的收拢归纳，清晰的脉络和中间厚实的叶肉，自然契合成这份了解普洱茶和品饮好茶的寻味指南，使读者获得一次漫步茶山和体察云南风土人情的美好阅读体验。

想来，无论是在探寻茶山还是书写文字的过程中，马哲峰一定都有着舒畅而愉悦的心绪。他细细观察这些风霜雨露滋养孕育出来的翠绿叶片，嗅闻着林间枝叶的山野沁香，感受到自然天地间的生机盎然，与这轻灵跃动的脉搏共振。而身为读者的我们，也经由作者的亲身体察和真诚书写，在悠远历史和妙手匠心之中闲适漫游，在收获普洱茶知识干货的同时，也被古典美学与雅致生活悄然浸染。

行笔至此，红泥小火炉上的铁壶中，滚沸的泉水已然白雾升腾。好吧，便以沸水冲出普洱茶汤，让高扬的香气浸融于字里行间，借由这本《读懂普洱茶》，再去感受那崇山峻岭与茶园枝叶中的灵动与悠然吧。

黎晓阳，笔名尧耳，四川大学文学硕士，专栏作家，文化论者，在《读者》《解放日报》《普洱》等杂志开设专栏，发表作品百万余字，著有长篇小说《神童》《现场逃逸》等。

目录

引　言

　　普洱茶究竟算作什么茶？这是一个颇有趣味的问题。就像一个人追问自己：我是谁？这个问题重要吗？答案是肯定的。知道自身的属性与归属，有助于在茶的家族中找到自己的位置。普洱茶与人，在这一点上找到了共鸣。

　　古往今来，无数人孜孜以求，探寻普洱茶的奥秘。古典普洱茶时期，自唐以降，迨至清末，长达千年。现代普洱茶时期，自民国伊始，绵延至今，已历百年。

　　古典普洱茶时期，传统的解读归诸人文，记述出自朝野文士手笔，态度感性，词句皆属优美、生动的文学语言。

　　唐宋时期是云南茶的草昧时代，"茶出银生城界诸山，散收，无采造法"，留给后人以想象的空间。

　　元明时期是云南茶的童蒙时代。茶是金齿百夷市井交易物之一。车里头目居地的普洱产茶。其时，普洱茶已广为流通，为云南各阶层所接受，"士庶所用，皆普茶也"，"蒸而成团，瀹作草气，差胜饮水"。气味甘苦，市之西番，最能化物。无论是受人贬薄或称誉，普洱茶的身份与地位都已经初步确立。

有清一代是普洱茶的黄金时代。普洱茶以出自普洱山而得名，其地所在似乎成了一个谜，引发后人的争论。攸乐、革登、倚邦、莽枝、蛮砖、漫撒六大茶山，地域广袤，周八百里，商贾云集，入山作茶者数十万人，他们走向普洱茶历史舞台的中心，引领普洱茶的潮流近三百年。

普洱茶以时令区分品质高下，分为雨前茶、小满茶与谷花茶。夷女采摘，以嫩为贵，有蕊茶、毛尖与芽茶。

散茶初制，爱物惜物，劲黄而不卷者名金月天，固结而不解者名疙瘩茶。团茶精制，采而蒸之，揉为团饼。区分种类，可分散茶、紧团茶与茶膏三类。

散茶有蕊茶、毛尖、芽茶之属，新色嫩绿可爱，亦有粗普叶，叶粗味薄。紧团茶方非一式，圆不一相。五斤重的大普茶（人头茶）、三斤重的中普茶、一斤重的小普茶、四两重的女儿茶、一两五钱重的蕊珠茶，重量有别，形态相若。圆茶有大七子圆茶、小五子圆茶，或双面凸起，或单面有凹。四方形的方茶、长方形的砖茶、窝窝头形的沱茶、牛心形的紧茶，千姿百态，不一而足。

普洱珍品，散茶芽尖味淡香如荷。人间奇品，紧团茶清香独绝。普洱功效，味苦性刻，解油腻、牛羊毒，逐痰下气，刮肠通泻。清代药学家赵学敏评价道："普洱茶膏色黑如漆，醒酒第一，绿色者更佳，消食化痰，清胃生津，功力尤大。"

大普茶
（普洱市博物馆展品）

女儿茶
（普洱市博物馆展品）

向质卿方茶
（中国茶叶博物馆展品）

普洱茶是帝王将相的珍赏之物，文人雅士的案头清供，游牧民族的生命之饮，海外侨胞的亲情慰藉。

现代普洱茶时期，自民国伊始，绵延至新中国，已历百年。现代的解读归诸科学，记述出自现代学者之手，态度理性冷静，用词皆为准确、复杂的科学语言。

民国时期是科学认知普洱茶的启蒙期。

普洱茶因属地而得名的观念始兴，普洱茶的出产版图不断扩大。易武、倚邦、革登、莽枝、蛮砖、攸乐等江内茶山所产之茶为"山茶"，勐海、勐松、南糯、勐遮、勐混等处所产之茶为"坝茶"。从民国至今，澜沧江两岸的各大茶山，已与今天的分布大致相同。云南省内其他产茶区域，江城、思茅、宁洱、墨江、澜沧、景谷、镇沅、元江、顺宁等地，日后渐次被纳入普洱茶的产茶疆域。

民国时期对茶的描述采用了科学的语言，清楚地指出茶属于山茶科，常绿乔木或灌木，对于叶形、花、果的描述精当而准确，在茶树喜欢温暖湿润的气候与土壤条件等方面，与源自西方的现代园艺学的观念完全一致。

原料的采摘延续了依照老嫩区分的传统。白毛嫩芽称为白尖、春茶，色泽黑润、香味浓厚者称为黑条，叶大质粗、黄黑相间者称二盖，黄色老叶、品质粗下者为粗茶。品质高下则按节气划分为春茶、二水茶、谷花茶，此观念深入人心。

茶叶初制，经锅炒、揉捻、晒干或晾干为初制茶。初制过程中，或囿于条件限制，或有心无意所致，或有发酵，"遵绿茶方法之普洱茶叶，其结果反变为不规则发酵之暗褐色红茶"，实在是非常有趣的现象。

茶叶精制，经拣选、拼配、称重、热蒸、紧压或发酵、干燥，制成圆茶、砖茶与紧茶，工序繁简有别，细节各具特色，不发酵的绿汤茶，发酵过的红汤茶，分别行销，各有拥趸。

内销的新春茶，侨销的老陈茶，此际普洱茶市场已经奠定了后世新茶、老茶各领风骚的局面。

新中国成立后，是科学认知普洱茶的发展期。

众多科技工作者跋涉万水千山进行茶树资源普查，野生型、过渡型与人工栽培型大茶树相继展现在世人面前，向世界证实中国是茶的原乡。

农耕文明时代遗存下来的古茶园，工业文明时代开辟的现代茶园，在经历了冲突之后，都在不断探索尝试汲取对方的智慧成果。

普洱茶原料传统上按照季节、老嫩划分为春茶、夏茶与秋茶（谷花茶）的做法，一度被按品质划分为五级十等的做法取代，而今转变为依据季节、品质划分高下。

传统的手工制茶技艺与现代的机械制茶工艺和谐共存，交相辉映。

初制工序为摊放、杀青、揉捻、干燥，制成晒青毛茶。精制工序为拣剔、拼配、干燥，制成成品茶。

用渥堆法发酵后可制成熟茶，制茶匠人们锤炼制茶技艺，创新制茶工序，不断丰富着普洱茶的风味和内涵。

普洱茶发展的历史进程中，形态各异的圆茶、沱茶与紧茶，曾经代表了各具特色的工艺、产品风格与行销区域，而今渐趋统一与标准化。

从实物标准样的引领，到文字标准样的完善，再到二者相互参照，依照科学的指引，普洱茶从原料到成品，各自的属性确定，归属得以明确。晒青毛茶是普洱茶的原料，它属于绿茶类。晒青毛茶一经紧压成型，即明确了其普洱生茶的身份，不拘形制，无论是饼、砖、沱等何种造型，都属于绿茶紧压茶。经长期存放后，会逐渐向黑茶紧压茶演变。晒青毛茶经渥堆发酵，即改换身份成为普洱熟茶，属于黑茶类。复经紧压成型，方非一式，圆不一相，都属于黑茶紧压茶。

现今的普洱茶，依照标准来解释，可谓"十分科学，非常复杂"。但这并没有平息围绕普洱茶产生的争论，而种种争论，早已经超出学术探讨的范畴。关于普洱茶的分类问题，在可以预见的未来，仍将争论下去。回溯普洱茶的源头，展望普洱茶的流向，在普洱茶发展史上，唯有"变"才是不曾中断的脉络。普洱茶将会走向何方？我们唯有拭目以待。

每个时代都有属于这个时代的茶，有理由相信，普洱茶属于我们这个时代。

第一章

· · · · 读懂普洱茶 · · · ·

南方嘉木

茶，南方之嘉木。彩云之南的红土高原是茶的乐土，西南地区是茶的原乡，秦岭、淮河以南是茶的领地，中国是茶的母国。茶，由中国走向世界。茶，南方嘉木馈赠给世间最美好的自然之味。

茶从哪里来？为了解开茶的身世之谜，千百年来，无数人孜孜以求，无论是人文的追溯，还是科学的探索，都为了寻求最终的答案。

茶祖与茶王树的传说

茶是中华民族的人文记忆，也是中华民族的心灵史诗。

一代又一代人的口头传诵，一卷又一卷典籍的文字记述，带领人们顺着岁月的河流逆流而上，指引人们穿越时空的阻隔寻祖问源，描摹出如梦似幻的先民影像。

滇南之地的普洱市澜沧拉祜族自治县惠民镇景迈山，古茶林文化景观已经列入世界文化遗产申报项目。世居在此的布朗族是澜沧江流域最古老的土著民族濮人的后裔。布朗族人笃信是他们的祖先帕哎冷发现了茶，并在临终前留下遗训："我要给你们留下牛马，怕遭自然灾害死光；要给你们留下金银财宝，你们也会吃完用光。就给你们留下茶树吧！让子孙后代取之不尽用之不竭。你们要像爱护眼睛一样爱护茶树，继承发展，一代传给一代，决不能让其遗失。"布朗族学者苏国文先生带领族人重建了帕哎冷寺。为纪念帕哎冷率领族人大面积种茶的功绩，傣历六月（大致在公历四月）下旬，芒景布朗族人都要举行一次隆重的茶祖节，祭拜茶祖，呼唤茶魂，载歌载舞，燃放礼花。置身其间，恍似目睹了岁月深处的场景，聆听到了先民的回声。布朗族"山康茶祖节"始于公元307年，距今已有1700余年。布朗族人有习俗，每新开一块茶地，择吉日隆重祭拜后新栽的第一棵茶树就是茶魂树，树下栽有神桩、供篮、仙人掌和鸡蛋花树。时至今日，布朗族芒景帕哎冷山上，傣族景迈山大平掌内，茶魂树的名号已经渐趋失落，转而被茶王树的名号取代。

牛滚塘位于滇南西双版纳傣族自治州勐腊县象明彝族乡，地处莽枝山、革登山的中心，这里是改土归流设立普洱府事件的起源地。雍正《云南通志》载曰："莽芝有茶王树，较五山茶树独大，相传为武侯遗种，今夷民犹祀之。"史志的记载，文人的著述，民间的传说，合力将孔明推至普洱茶祖的地位。

安乐村境内的孔明山临着小黑江，巍峨耸峙，茶祖孔明的汉白玉雕像矗立在祭风台上。距茶祖孔明诞生已历1800余年，而今成为后人的盛会，每逢庆典各族人民云集于此，欢歌拊鼓，祈祷来年的茶季能有个好收成。从不远处的新酒房，隔着深深的峡谷回望祭风台，孔明的雕像影影绰绰。传说中茶祖孔明在此地亲手种下了第一株茶树，历经千百年的风雨，被后人崇为茶王树。据老人们传说，直到清光绪年间，茶王树每季仍然可以采制两担干茶。茶王树今已无存，只留下一个树坑，其中又长出一株茶树，当地的山民笃信其是茶王树的遗株，在树前设有香案祭拜。附近还树立有两通石碑，一方铭刻着"茶祖诸葛孔明公植茶遗址"，另一方铭刻着"祭茶祖孔明公文"。这里吸引着无数人前来寻源问茶，感慨自然的馈赠，感念前人的恩德。

革登山茶祖孔明植茶遗址

少数民族祭祀莽枝茶王树

勐海街头茶圣陆羽雕像

适逢春茶时节，莽枝山秧林寨后的深山密林中，旧日的茶王树开采仪式再度恢复。人们虔诚地祷告，躬身祭拜。祀后，周遭身着民族盛装恭候已久的采茶人，顺着搭好的架子猿猴般灵敏地攀缘而上，欢快地唱着歌谣，采摘着枝头的嫩梢。天上的无人机俯拍，地上举着相机的人们仰拍。古老的习俗，全新的视角，古今不变的是对茶的依恋。

同属西双版纳州的勐海县，被誉为"中国普洱茶第一县"。街头新近竖立起一座神采俊逸的茶圣陆羽雕像，陆羽雕像仰望天空，左手持盏，右手持笔，似乎想要表达出无数人的心声，弥补《茶经》中未能记述云南茶的缺憾。虽然陆羽未能涉足云南，但他仍然把这世间植物中最美好的称谓——"南方之嘉木"赋予了茶树。

滇西临沧市双江拉祜族佤族布朗族傣族自治县勐库镇，勐勐河畔的神农祠建于 10 余年前，高达 9.5 米的神农雕像寓意着后人对其的无上崇敬之情。由于茶圣陆羽在《茶经》中的推崇，神农成为后世中华民族共同崇奉的茶祖。

半个多世纪以来陷于沉寂的茶祖与茶王树崇祀习俗，随着如今普洱茶的复兴再度悄然出现。从澜沧江以东的莽枝、革登、倚邦、蛮砖、易武（漫撒）与攸乐山，到澜沧江以西的南糯山、帕沙山、勐宋山、巴达山、贺开山与布朗山，澜沧江流域的西双版纳州、普洱市与临沧市，在这无数座茶山上、无数座村寨里，茶祖与茶王树的崇祀活动掀起了一波又一波的热潮，吸引了无数热爱普洱茶的友人关注。

神农、帕哎冷、孔明、陆羽，这些神话传说中的虚幻形象抑或是史籍记载的真实人物，在漫长岁月里，成为先民智慧的化身，受到后世人们的尊崇。而茶王树，不管是来自少数民族的口头传说抑或汉民族的文字记述，它都寄寓着先民对自然的崇拜，后人对植物的感念。人与茶的命运交织在一起，演绎出这世间数不尽的传奇。

茶人与茶树王的论证

茶树，这世间最伟大的植物之一。古茶树，自然界的大地遗珍。

曾几何时，家国陷于沦丧，民族遭逢劫难，以至于连茶树的原产地都难保不受他人觊觎。烽火连天、亲人离乱的岁月里，远赴异域他乡求学的吴觉农先生奋笔直书，据理力争中国是茶树的原产地。近百年来，围绕茶树原产地展开了旷日持久的激烈争论，而最终古茶树为人们揭开谜团，提供了茶树原产自中国的科学证据。

澜沧江是一条茶的河流，流经云南境内的临沧市、普洱市与西双版纳州，这里是古茶树分布最密集的核心区域，野生型、过渡型与栽培型古茶树展示了茶树完整的进化历程。

20世纪50年代，茶叶科技工作者周鹏举等人在西双版纳州勐海县南糯山半坡新寨的原始密林中发现了一棵大茶树，树高8.8米，树幅9.6米，后经论证，树龄在800年以上，这就是举世闻名的南糯山栽培型茶树王。1990年12月，时任中国佛教协会会长赵朴初赴勐海南糯山，亲笔题写"南行万

南糯山老茶树王遗址

里拜茶王"。那时的茶树王已经接近迟暮之年，虽然人们想尽了各种办法力图挽救，最终它还是在1994年衰亡。由于对茶树王的价值与意义认知不足，未能加以保护，任其枝干腐朽，以至于留下了永远无法弥补的遗憾。时光抚平了老茶树王的痕迹，只有照片中留有昔日的影像。后来，老茶树王坑遗址中生长出了一棵枝繁叶茂的大茶树，主人确黑称其为王子树，显然，这个称呼承载了后人的情感与寄托。旧日修造的茶王亭爬满了藤蔓，落叶覆满了台阶。随着茶树王的衰亡，这里已不复昔日的荣光与热闹，罕有人至了。数百公里之外的临沧市凤庆县，滇红集团茶叶科学研究院茶树种质资源圃内，保留有埋籽繁育的茶树王的后代，科技工作者默默地守护着茶树王的遗脉，期望有朝一日能够再现茶树王的绝世芳华。

2002年5月8日，曾云荣、张俊等人在南糯山半坡老寨新发现一株大茶树，小乔木型，树姿半开张，树高5.3米，

南糯山新茶树王

树幅逾 9 米，它接替了南糯山栽培型茶树王的称号。如今到访南糯山的人们，无不以参观这株茶树王为荣。没有人去关心它是否经过科学论证，只在乎它头顶的茶树王荣誉称号。由政府投资兴建了木结构的观光台，细密的铁丝网将新茶树王与人分开，人们不能再像往日那样与其亲密接触。旁边修造有哈尼族传统干栏式结构的二层木屋，交由新茶树王的主人开才一家打理，可供游人休憩与品茶。

1961 年 10 月，张顺高、刘献荣在西双版纳州勐海县巴达贺松大黑山森林中考察野生茶树群落，发现了一株野生型大茶树。乔木型，分枝部位较高，枝干较少，树高逾 32 米（后因树的上部被大风吹折，余高 14.7 米），主干直径 1 米，树幅 8.8 米。后经专家论证，树龄在 1700 年以上，它被命名为巴达野生型茶树王。这株野生型茶树王最重要的价值与意义仍然是印证了中国是世界茶树的原产地。

2012 年 9 月，极度衰老的巴达野生型茶树王，经受不住大风，被刮倒后自然死亡，遗存的茶树王枝干交由勐海陈升茶业有限公司长期保存。遗存的茶树王枝干前设有香案，供虔诚的寻茶人拜谒。比起南糯山栽培型茶树王衰亡后的境遇，巴达野生型茶树王似乎幸运了许多。期望未来茶王宫建成后，巴达野生型茶树王遗株能够有更好的待遇吧！

巴达野生型茶树王衰亡后，原址修造有世界茶祖原址纪念碑亭，石碑为勐海县人民政府所立，落款时间为 2013 年 9 月 9 日。或许因为是野生型茶树，所以除了引发人们的关注

巴达野生型茶树王遗株

巴达山世界茶祖原址纪念碑亭

与唏嘘感叹之外，并没有再次出现南糯山栽培型茶树王称号传递的情况，邻近的巴达野生大茶树2号鲜有人知，几乎无人问津。

1991年3月，何仕华在普洱市澜沧县富东乡邦崴村发现了一棵大茶树。小乔木型，树姿半开张，分枝旺盛；基部干径1.14米，树高11.8米，树幅9米。为保护大茶树，人们在茶

树周围修建了竹篱笆墙，围栏之外，还设有一块澜沧县政府立的石碑，碑文中注明树龄在千年左右，落款时间为1992年9月。邦崴大茶树在生物学上的归属颇有争论，有人将其归为过渡型大茶树，亦有人认为其仍属于野生型大茶树。这棵大茶树还登上了1997年4月8日发行的邮票，以过渡型茶树王的名号广为世人所知。

人们寻访茶树王的热情不减，对于论证古茶树的树龄抱有更大的热忱。相继被发现的有普洱市镇沅县九甲乡千家寨树龄约2700年的野生型茶树王，乔木型，树姿直立，树高25.6米，树幅逾22米，最低分枝高度3.6米，干径0.89米，身处哀牢山国家级自然保护区原始密林的深处。近年来为了更好地加以保护，禁止外人登临涉足。临沧市凤庆县小湾镇树龄约 3750 年的锦秀茶祖，近年来已经改名为锦秀茶尊，小乔木型，树姿开张，树幅 8.1 米，基部干径 1.85 米，最低分枝高 0.35 米。所在地政府积极打造旅游景区，修造有景观台阶步道，设有广场，敞开胸怀欢迎八方来宾。越来越多的茶树王相继涌现，人们似乎陷入了一种迷思，科学家的声音逐渐弱化，商业化的宣传甚嚣尘上。

历史悠久的茶树王崇祀的人文习俗，百年以来科技工作者历经艰辛寻访的古茶树，都被卷入这个时代汹涌而至的商业潮流中，被裹挟着冲向未知的远方。

古茶树迷思

茶树，从生到死，经历轮回。年轻的茶树生命力旺盛，满足了人们对产量的需求。古老的茶树生命力持久，因其稀有引发人们的追捧。

公允地评判，以百年为限，百年以上树龄的古茶树倍极珍贵。对茶树树龄的评定，最为确切的方法仍是锯断主干数年轮。对于仍然存活于世的茶树，这样的方法无异于暴殄天物。除此之外，更加科学的方法，仍然有待探索。由此，人们追寻古茶树的焦点转向于茶树围径的长短与主干的高低。

西双版纳傣族自治州，澜沧江以东的六大茶山，茶树多为乔木型。最为世人熟知的当数勐腊县易武镇麻黑村落水洞茶树王。这棵栽培型大茶树树干高大，乔木型，树姿直立，干径 0.88 米，树高 10.2 米，树幅 4.5 米。从早年间在茶山上自由自在地生长，到后来被以保护的名义以铁笼相围，落水

易武山落水洞茶树王

易武山麻黑新茶树王

洞大茶树渐趋凋零。直至2017年8月22日，易武镇人民政府发布公告，确认落水洞茶树王死亡。当地的村民早就意识到了危机，在相距不远处的麻黑石门坎古茶园中寻找到了另一棵古茶树，冠之以易武茶树王的称号。紧密的铁丝网将其围护起来，围栏外展示牌上的文字介绍颇具民间智慧："据爱茶人士评估，树龄近千年，但发现者认为树龄不过数百年上下，精确树龄有待考证。"民间的易武茶树王祭祀活动已经举行了多次，近年来高昂的身价突显了这棵茶树的商业价值，而科学的验证尚未进行。

2014年成立的西双版纳易武州级自然保护区，位于勐腊县东北部，地跨易武镇、瑶区乡和勐伴镇，总面积33369.9公顷，地域广袤，其间满天星般散落着先民遗留下的古茶园。那些为了争夺阳光拼命长高的茶树，有着笔直高耸的主干，被称为高杆茶树，人们亲昵地称呼它们是茶树中的长颈鹿。在古老的神话与传说中，望天树般直插云霄的树木能够沟通天地，或许源自这种强烈的心理暗示，采自高杆茶树的普洱茶，不独是品质高高在上，它的身价也达到了令许多人望尘莫及的地步。只是它的数量是如此稀少，徒令世人望洋兴叹，极少有人能够品尝到它的绝世风味。

西双版纳傣族自治州，澜沧江以西的六大茶山，茶树多

易武州级自然保护区高杆茶树

贺开山西保四号古茶树

为小乔木型。贺开茶山，连片面积最大的古茶园。地处贺开曼弄老寨寨门附近的西保四号古茶树，以其便利的交通条件，引得无数人到访。这棵栽培型古茶树长势茂盛，树姿开张，树高 3.8 米，树幅 7.3 米，自基部 0.55 米处分枝，基部围径 2.12米，属于典型的小乔木型古茶树。两位年轻的姑娘手拉手堪堪将其合抱，让人忍不住感叹茶圣陆羽在《茶经》中描摹的"两

人合抱者"的场景在现实中得到了验证。当地人有俗谚："云南十八怪，老太太爬树比猴快。"采茶时节，时时可以见到寨子里的拉祜族老太太，嘴里叼着旱烟袋，身手敏捷地上树采茶，成为茶山的一道独特风景线。

勐海县布朗山布朗族乡班章村，勐海茶厂布朗山基地，始于1988年开垦种植的1.2万亩茶园。茶园管理遵循现代科技理念，成行成排的茶树被修剪得整整齐齐，漂亮美观，远远望去蔚为壮观。茶园边上，留了一排未经修剪的茶树，与茶园内经修剪的茶树栽种于同一时期，这种任其自然生长的茶树，完全体现了小乔木型茶树的自然属性。这种相映成趣的对比，揭示了一个真相，即便是那些经过现代管理手段，经修剪后看起来低低矮矮的茶树，仍然隶属于小乔木型。这就是遍布云南普洱茶各大产区的台地茶园一直以来被世人误

勐海茶厂布朗山基地茶园

解的缘由所在。

　　云南省农科院勐海茶科所，拥有国家种质大叶茶树资源圃，因其极少向外界开放参观而蒙上了一层神秘的面纱。获得茶科所何青元所长的同意之后，我们得以一探究竟。同样是1985年播种的茶树，历经30多年的生长后，展现出令人惊讶的差异性。其中一棵茶树长至树高8.3米，围径1.35米，相当于每年干围增加4.4厘米，生长速度如此之快的大茶树，颠覆了惯常的认知，足以让人警醒，茶树尚有许多不为世人所知的奥秘。

云南省农科院勐海茶科所大茶树

大叶种茶争论

　　茶树发育完全成熟的叶片称为真叶，形态一般为椭圆形或卵形，少数为长椭圆形或披针形。茶树叶的测定与划分遵循科学的方式，可用一个公式计算叶面积：叶面积（cm^2）=叶长（cm）

大叶种茶

× 叶宽（cm）× 系数（0.7）。叶片大小以定型叶的叶面积来区分，凡叶面积＞60cm² 的为特大叶，40 ~ 60cm² 的为大叶，20 ~ 40 cm² 的为中叶，叶面积＜20 cm² 的为小叶。

茶树的叶，为适应气候的变迁不断演化，从热带、亚热带到暖温带，茶叶大小出现特大叶、大叶、中叶到小叶的变化，类型丰富。水热资源丰沛的热带、亚热带，大叶种的茶树占据优势。而在气候较冷的暖温带，抗寒、耐冻的中小叶种茶树更具优势。

最令人讶异的地方是云南，神奇的造物主赋予云南一山分四季、十里不同天的立体气候。特大叶、大叶种占据绝对优势，却并没有一统所有的领地。西双版纳州勐

倚邦茶山小叶种"猫耳朵"

腊县象明乡倚邦茶山，以出产小叶种的茶而闻名，而小叶种茶树究竟是源自四川移民的反向输入，还是本地立体气候导致的自然演化，至今尚无定论。倚邦茶山小叶种茶树中，最为珍稀的一种被茶农亲切地昵称为"猫耳朵"，它有着指甲盖大小的圆圆的叶片，看起来惹人怜爱。相识多年的茶农兄弟陈云杰说："即便是同一棵茶树，也不是每年发出的嫩叶都如同猫耳朵。纯纯的猫耳朵鲜叶制成的茶，简直比黄金都要金贵啦。"即便如此，也挡不住茶友强烈的好奇心，他们无不以能够品鉴到纯正的猫耳朵茶为一大乐事。

普洱市宁洱县宁洱镇宽宏村，普洱市人民政府在茶园入口处立了一方普洱市文物保护单位石碑，上面镌刻着"困鹿山古茶园"的字样。碑文中介绍这座茶园是最早向朝廷进贡的古茶园之一，是故也被世人称为"困鹿山皇家古茶园"。与非物质文化遗产普洱茶贡茶制作技艺代表性传承人李兴昌先生相约入山访茶，疼惜

困鹿山小叶种古茶树

古茶树的李兴昌先生顺手拔去树下的杂草。困鹿山茶园向以中小叶种的古茶树而闻名，2021年春茶时节，一棵名为"细叶皇后"的古茶树，每公斤鲜叶的价格涨至以万元为单位，令无数人为之咋舌。近年来，困鹿山茶热度不断攀升，频频引发世人的关注。关注困鹿山古树茶多年的侯建荣先生对此有不同的看法，他曾引种困鹿山小叶种茶树，可经过精心的栽培管理，小叶种茶树的后代却都是大叶种。故而他推测困鹿山古茶树可能因为衰老以及水肥不够而导致叶片变小，被误认为是小叶种的茶树。

回溯历史，人们对长期进贡清廷的倚邦茶，从未因其是小叶种怀疑过其是否归属于普洱茶。而进入现代社会后，普洱茶国家标准将普洱茶定义为大叶种茶，此后，关于小叶种茶是否属于普洱茶的争论就从未停息过。应尊重传统，还是依据科学？这成为一个令人困扰的话题。

繁殖方式选择

自从茶融入人类的生活，千百年来，人们不断探索茶树的繁殖方式，先民经验的累积，今人科学的尝试，为的都是茶树家族的子孙繁衍兴旺，满足世人对茶的需求。

茶树，从萌芽、开花到结果，年复一年，生命的历程周而复始。先民们洞悉了茶树生长的奥秘，采摘成熟的茶果，埋籽儿繁殖，培育茶苗，栽种茶园。沿着澜沧江流域，滇西的临沧市，滇南的普洱市、西双版纳州，众多的普洱茶名山遗存下来的古茶园，无不是采用这种古老的茶树繁殖方式。

无性繁殖

有性繁殖

而这种茶树有性繁殖的方式曾因是否科学一度遭受质疑和鄙薄，但实践证明，以这种繁殖方式孕育出的茶园更具生物多样性，可作为珍贵的茶树种质资源。1984年，经全国茶树良种审定委员会认定的有性系国家级良种有勐库大叶茶、凤庆大叶茶与勐海大叶茶。在有识之士的引领下，人们重新发现古茶园的重要价值，纷纷采取行动，对其加以保护。相关部门也颁布实施古茶园保护条例，将古茶园列入文物保护单位加以管护，申报农业文化遗产，力求使其焕发出新的生命力。

在过往的数十年中，无性繁殖茶树的方式，在云南省内得到厉行推广，在云南数以百万亩的茶园中以无性繁殖培育的茶树占绝大多数。1987年，经全国农作物品种审定委员会认定的无性系国家级良种有云抗10号、云抗14号以及其他的云南无性系良种，选育、栽培的追求并非为了提升普洱茶的品质，是故有着先天的不足。

当代以无性系繁殖方式栽种的良种茶园，以其高产满足了消费者对普洱茶产量的需求。其中，云抗10号在云南省推广种植面积就达200多万亩。过往年代通过有性系繁殖方式栽种且遗存至今的古茶园，以其风格多样满足了消费者对品质的需求。从传统农业社会茶叶的稀缺，到现代工业社会茶叶的过剩，产量不再是市场普洱茶的主要诉求，反之，品质成为人们对普洱茶的核心追求。曾几何时，席卷云南全省的老茶园改造运动轰轰烈烈。反观当下，恢复现代茶园自然生态的做法应时而生。

打破横亘在传统经验与科学之间的藩篱，汲取古代先民的智慧结晶，吸纳当代科学的先进成果，或许在未来我们会有令人欣喜的收获。

认知的深化

一千多年前的唐代，茶圣陆羽编撰了《茶经》，它是世界上现存最早的茶百科全书。在书中，陆羽赋予茶树一个极具文化内涵的名称——南方之嘉木。延至清代，郑绍谦等所纂《普洱府志稿》依然承继了文化视角："茶，产普洱府边外六大茶山。其树似紫薇，无皮曲拳而高，叶尖而长，花白色，结实圆匀如栟榈子，蒂似丁香，根如胡桃。土人以茶果种之，数年新株长成，叶极茂密，老树则叶稀多瘤，如云雾状，大者制为瓶，甚古雅；细者如桲栳可为杖。"

而在地球另一端的瑞典，1753年，植物学家卡尔·林奈（Carolus Linnaeus）将茶树命名为Thea sinensis。这位才华横溢的博物学家开创了人为分类体系和双名制命名法，一生中分类命名了近9000种植物。他曾经做过大量的尝试，试图为瑞典引种茶树，但是都以失败而告终。直到进入19世纪之后，英国植物学家罗伯特·福琼（Robert Fortune）深入中国茶区，将中国茶树品种与制茶工艺引进东印度公司开设在喜马拉雅山南麓的茶园，结束了中国茶对世界茶叶市场的垄断，加剧了中国在近代史上的悲剧进程。由此，在中国人心目中臭名昭著的罗伯特·福琼被冠以"茶叶大盗"的恶名。近代的西方人，经由林奈等植物学家开始关注茶树，复经植物猎人福琼，源自中国的茶树被引种到异国他乡，改变着世界各地人们的生活。在科学分类下，茶被列入园艺学的范畴，从品种选育、茶树种植到茶园管理，都遵循世界通用的法则。而今，一个多世纪过去了，这种培育模式日渐显现出它的不足。无节制地一味向自然索取，导致生物多样性的消失，病虫害的侵扰，水土的流失，这些日渐出现的灾难性后果让人难以承受。

而在中国，直到民国时期，人们才开始以科学的视角看待茶树。《新纂云南通志》载："茶，属山茶科，常绿乔木或灌木，通常有五六尺之高。枝丫密生，叶披针形或椭圆形，边缘有细锯齿，互生，质厚而滑泽。秋后自叶腋抽出短梗，上缀六瓣白花。雄蕊多花丝，下部相连成环，雌蕊一，子房三室，各室有一枚之胚珠，即茶果也，延至翌年初秋，始行成熟。但滇产茶树，均以采叶为目的而栽培之。此种植物，性好湿热，适于气候温润、南面缓斜、深层壤土、河岸多雾之处。我滇思普属各茶山，多具以上条件，故为产茶最著名之区域。"对茶的记述已经与现代园艺学的视角一般无二。在新中国成立以后长达半个多世纪的时间中，从科学理论研究到生产实践，几乎完全照搬国外，形成范式。其间，既有长足的进步与丰硕的成果，亦有惨痛的教训，足以令人警醒。

中国的先民历尽艰辛，从万千种植物里选择了茶树，将驯化后的栽培型茶树，植于高山，放诸原野。茶树在自然的环境下，与万物和谐共生。古茶园，是农耕文明童真时期的珍贵遗产。如今的人们，行走在云南的古茶山上，流连徘徊

布朗山古茶园

在古茶园里，终于领悟到古老文明传承不息的奥秘，那便是对道法自然的尊崇与信仰。作为灵草的茶树，日日夜夜身受高山云雾的滋养，由此获得了芳草嘉卉般高贵的品格。我们对待茶树，要如同对待自己的文化，两者水乳交融，才能让茶树和茶文化获得不朽的生命力。

我们需要回过头来，重新从古老的茶园中寻找智慧的火种。古老的农耕文明与现代的工业文明，需要再次交汇融合。我们相信，那才是我们的希望所在。

布朗山现代茶园

第二章

读懂普洱茶

千山摘翠

茶树枝头萌发的新梢，隐藏着自然的奥秘。一山一味，源自各座茶山的风土。季节轮回，风味起伏变化。老嫩分别，香味迥然相异。采摘方式，纯异有别，或追寻极致，或追求丰富。习俗、观念、做法各不相同的背后，主导因素来自文化的认同、科学的认知与经济的考量。

地域的扩大

普洱茶，从山野中走来。康熙《云南通志》载："普洱茶，出普耳山，性温味香，异于他产。"康熙年间，元江府在普洱分设通判。康熙《元江府志》延续了省志的记述。许多人笃信宁洱城外的西门山，就是曾经的普洱山。只是屡经战乱烽火，而今空余地名，不再有茶的遗存。

雍正《云南通志》载："（普洱府）茶，产攸乐、革登、倚邦、莽枝、蛮耑、慢撒六茶山，而倚邦、蛮耑者味较胜。"雍正年间，改土归流设立普洱府后，六大茶山走向历史舞台

倚邦茶山

的中心，引领普洱茶潮流近 300 年。

民国《车里》记载：车里（十二版纳）茶叶出产地为江南方面的倚邦、易武、漫撒、蛮砖、莽枝、革登、攸乐等处；江外方面为猛（勐）海、南糯、猛（勐）松、猛（勐）遮、猛（勐）混等处。从民国往后，澜沧江两岸各大茶山，与今天的分布如出一辙，就此奠定了六大茶山的地位。

《新纂民国通志》载：云南思普地区所属各茶山，为产茶之最著名区域。民国时期编纂的云南各地县志记述：江城、思茅、宁洱、墨江、澜沧、景谷、镇沅、元江、顺宁等地俱产茶叶。这些产茶区域日后渐次被纳入普洱茶的产茶疆域。

2008 年发布实施的国家标准《地理标志产品 普洱茶》规定普洱茶的保护区域为云南省普洱市、西双版纳州、临沧市、昆明市、大理州、保山市、德宏州、楚雄州、红河州、玉溪市、文山州等 11 个州（市）、75 个县（市、区）、639 个乡（镇、街道办事处）现辖行政区域。

实际上，四川、重庆、湖南与广东等省市，都曾经出产过普洱茶。生活在普洱茶核心产区的云南人，将这些省市出产的普洱茶称为省外普洱。

由于历史的遗留，与云南接壤或邻近的老挝、缅甸、泰国与越南，都曾出产过普洱茶。力主普洱茶沉浮的云南人，将这些地方所产的普洱茶唤作境外普洱。

从普洱山、六大茶山，到广袤的普洱茶产区，千千万万座茶山，都将自身的命运与普洱茶紧密地融为一体，共同奏响普洱茶的命运交响曲。

节气的划分

地理版图上的普洱茶产区地域广袤。地属热带、亚热带气候类型，具有"立体气候"特点。四季区分不明显，干湿两季明显。每年11月至次年4月为干季，干季也称旱季；每年5月至10月为雨季。无四季轮回，在旱季、雨季往复交替之际，茶芽萌发，茶花绽放，茶树结果。春茶、夏茶（雨水茶）、秋茶（谷花茶）与冬茶（冬片），都是用农历节气加以区分，为的都是远方的爱茶人更好辨识罢了。

西双版纳州勐海县格朗和乡南糯山村，当地一家普洱茶大企业在自家的初制厂门口悬挂出了原料收购招牌：春茶的开采期自3月1日起至5月10日止，头拨春茶自3月1日至4月10日，二拨春茶自4月11日至5月10日；自5月11日起至9月10日止为雨水茶；自9月11日起至11月15日止

等级标准

1. 一级鲜叶标准：每公斤鲜叶中一芽二叶，占80%以上。
2. 二级鲜叶标准：每公斤鲜叶中一芽二叶，占70%以上。
3. 三级鲜叶标准：每公斤鲜叶中一芽二叶，占60%以上。
4. 等外级鲜叶标准：每公斤鲜叶中一芽二叶，占50%以下。

春茶、雨水茶、花茶开采期：
1. 春茶开采期与结束期：2013年3月1日起至4月10日止为第一批。
2. 4月10日起至5月10日止为第二批。
3. 雨水茶的开采期与结束期：2013年5月11日起至9月10日止。
4. 谷花茶开采期与结束期：2013年9月11日起至11月15日止。
注：如因气候变化原因特殊情况时间再做调整，雨水茶、谷花茶收购价待定。

南糯山村委会、半坡

南糯山半坡寨鲜叶交易标准

为谷花茶。实际上秋茶季过后还有些时日可以采摘少量的冬片。参照每年农历节气，茶季的起止时间略有变化，但按照节气进行划分已经是普洱茶企普遍的做法，也已经为普洱茶产地的茶农所接受，成为普洱茶行业实际上公认的通行法则。

老嫩的分别

传统意义上的普洱茶，曾经深受绿茶以嫩为贵的观念影响。贡茶案册、史籍记述、文人笔记，凡言及普洱茶无不以嫩为贵。有清一代，普洱茶名遍天下，京师尤重之。自雍正朝起，迨至清末，上贡清廷的八色贡茶中，以其细嫩而受宝爱的有蕊茶、芽茶。清人阮福《普洱茶记》载曰："于二月间采，蕊极细而白，谓之毛尖，以作贡，贡后方许民间贩卖。采而蒸之，揉为团饼，其叶之少放而犹嫩者，名芽茶。"清人张泓《滇南新语》曰："普茶珍品，则有毛尖、芽茶、女儿之号。毛尖即雨前所采者，不作团，味淡香如荷，新色嫩绿可爱；芽茶较毛尖稍壮，采治成团，以二两、四两为率，滇人重之；女儿茶亦芽茶之类，取于谷雨后。以一斤至十斤为一团，皆夷女采治，货

老嫩适度的芽叶

银以积为奁资，故名。制抚例用三者充岁贡，其余粗普叶皆散卖滇中。"由此，一幅旖旎的采茶景象浮现眼前，引人浮想联翩：春茶时节，身着民族服装的女子，采摘幼嫩的芽叶，换取报酬作为购置嫁妆之资……

现代意义上的普洱茶，也未能彻底摆脱以嫩为贵的绿茶思维。2008年颁布实施的《地理标志产品 普洱茶》国家标准，将鲜叶区分为特级、一级到五级共六个等级，特级以一芽一叶占70%以上，一芽二叶占30%以下为指标。由此可以看出贵嫩的传统一脉相承，至今犹存。

纯异的争论

自古及今，普洱茶原料的纯异与否，都是颇富争议的话题。传统上普洱茶对原料纯异的争论主要是指产地，直至民国时

单株采摘的鲜叶

期，普洱茶号向以澜沧江以东易武等地为代表的古六大茶山所产之茶为"山茶"，以勐海为代表的各大茶山所产之茶为"坝茶"。就连李拂一也在《佛海茶业概况》一文中特意澄清：以佛海（勐海）茶山海拔高度，"坝茶"之名，似为不伦。究其实质，古六大茶山以其在传统文化观念中的"正统地位"深受推崇。而实际上，自民国伊始，勐海等地已经被事实上纳入普洱茶的出产地域，与今日普洱茶主产区大致符合。此外，对原料纯异的争议还在于老嫩是否一致。阮福《普洱茶记》一文中指出："其入商贩之手，而外细内粗者，名改造茶。"从名称上看，就有鄙薄之意。直到清末，普洱茶都以原料内外老嫩一致为正统。民国时期，圆茶、紧茶、沱茶都已经普遍采用了拼配的工艺，也在事实上被市场接受。新中国成立以后，拼配成为云南普洱茶的主流工艺。

20世纪90年代以后，普洱茶再度兴起。从下游消费市场到中游生产企业反溯源头原料端，在文化、科学与经济的驱动下，各种理念不断碰撞，在对传统工艺的追溯与对现代工艺的探索中不断实践，最终导致追寻原料纯异观念与实践上的分歧，台地茶、古树茶、单株茶、高杆茶等新概念层出不穷，在促进普洱茶风格多样化的同时，难免使消费者迷惑，陷入迷思的境地。

千山摘翠

西双版纳州勐海县西定乡，勐海茶厂巴达基地入口处的宣传牌上有如下文字简介："勐海茶厂巴达基地创建于1988年，

位于巴达乡镇公路两侧，南北走向 7 公里，东西走向 3 公里，基地占地面积 1 万余亩，其中有机茶园 1697.5 亩，常规茶园 8302.5 亩。基地四周森林环绕，常年云雾缭绕，平均海拔1700 米，年平均气温 16.5℃，年降雨量 1442 毫米，是生产优质茶叶原料的天然基地。"这里是国家级勐海县普洱茶种植农业标准化示范区。时值 3 月下旬，茶园里的茶树新梢萌发旺盛，头戴草帽、身背竹篓的采茶工正在忙着采茶。茶树齐腰深，伸出双手在茶树冠面上采摘鲜叶，要不了几个小时，就可以采上满满的一竹篓。春茶的季节，赶上茶树萌发的洪峰时段，从早到晚在茶园忙个不停，为的都是一家人的生计。

西定乡曼迈村，布朗族曼迈兑寨子，近年新修的寨门上镶嵌着一副对联：古寨新居白鹇舞，三弦茶韵濮人情。2005

年巴达乡与西定乡合并，行政区域的重新划分无碍于传统习惯的称呼，曼迈兑是巴达山声名显赫的古茶村寨。时值3月下旬，临近正午，火辣辣的阳光照射下，当地人黝黑的皮肤闪现着光泽。在20世纪80年代茶园改造的时期，曼迈兑的古茶树大都经过砍伐，只有地处山顶密林中的偏僻古茶园侥幸逃过一劫，保存最完整，也极为罕见。曼迈兑寨子就有独具特色的茶树分法与叫法：没有砍伐过的古茶树称作大树，砍伐过的古茶树反而称作古树，新栽的茶树都称作小树。采茶时节，清晨上山，天黑下山，从家中带来饭食，午餐在茶园中就地解决。供劳作间短暂休息的窝棚里，摊放着采摘下来的鲜叶。手中简单的餐食，身旁满满的收获，茶农眉眼间都是洋溢出来的幸福笑容。采茶的日子，辛苦中透出满足。

西定乡章朗村，从乡道通往寨子的路口新修了一座寨门，入口处矗立着一块大石头，上面铭刻着大字：布朗族生态博物馆。章朗被认定为布朗族的发源地，寨子里建有一座布朗

巴达山曼迈兑茶农茶歇用餐

巴达山章朗茶农采茶

族博物馆。章朗是巴达山声名最著的古茶村寨，有着巴达山保存最为完好的连片古茶园。古茶园与森林完美地融为一体，茶在林中，人在茶中，宛如一幅人与自然和谐共存的画卷。适逢4月下旬，古茶园里一片繁忙的景象，身着民族服装的布朗族阿婆，身手敏捷地攀上茶树，麻利地采摘着鲜叶。千百年来以茶为生的布朗族人，如今因茶而富，过上了前人从不曾想过的好生活。

西双版纳州勐海县布朗山乡，勐海茶厂布朗山基地，穿茶园而过的乡道上修了一座傣族建筑风格的门楼，路边竖了一排宣传牌加以介绍："基地开发于1988年，位于布朗山乡054公路50公里处，占地面积1.2万亩，为勐海茶厂出口植

布朗山茶农雨中采茶

物源性食品原料种植备案基地，通过中国良好农业规范 GAP
认证，2008 年通过有机认证。基地平均海拔 1500 米，森林
密布，土壤肥沃，光照充足，雨量充沛，云雾缭绕，年平均
气温 18.5℃，年平均降雨量 1319.4 毫米，年平均雾日 110 天，
是生产优质茶叶原料的天然基地。"时值 10 月下旬，遇上了
阴雨天气，采茶工们头戴斗笠，身披雨衣，背着竹篓，忙碌
地采摘着茶叶。无论季节转换，天气变化，茶树萌发的新梢，
传递出无声的召唤，辛勤的农人应声而至，日复一日年复一
年地辛勤劳作，期望着能有更多的收获。

　　布朗山乡班章村老曼峨寨子，进出寨子的两条路路口都
修造了寨门，寨心的位置是一座佛寺，因茶而富的布朗族人
争相修造新居，一栋接一栋，鳞次栉比。寨子地处山坳中，
周遭的山上都是郁郁葱葱的古茶园。时值 3 月下旬，正逢头
拨春茶的旺采期，布朗族茶农家家户户采茶忙。上山途中与
一位广东的茶商擦肩而过，他操着一口广东腔，边走边打电
话："哪里有什么单株啦！茶农给你都采大树就不错了。"
客户似乎听不进去这样的解释，于是他转而调侃道："单株
都不好玩啦！现在都不流行单株啦。这样，你坐飞机飞过来，
我接你上山，你看中哪一杈，我砍下来，给你做个单杈！"
听了以后，让人笑到腿软，几乎要滚下山去。眼前的茶农，
正在快快乐乐地采茶，抬头采采大树，再低头采采小树，顺
手将鲜叶扔进背上的竹篓里。

　　布朗山乡班章村新班章寨子，进出寨子的两个寨门经历

了一番波折后终于修建起来，寨门上书写着两个大字"班章"。作为班章村委会的驻地，这样的称呼似乎并无不妥。远离寨子数公里之外的古茶园，与老班章的茶地连在一起。为了出行方便，寨子搬迁到了路边，班章老寨已经被时光磨平，几乎看不出什么痕迹了。为了方便采茶，新班章寨子的哈尼族人集资上百万元修造了通往古茶园的道路。适逢 3 月下旬，哈尼族人忙着采摘春茶。两位年轻的茶农正在茶园忙碌，女的满脸笑意仰头采摘古树鲜叶，男的认认真真低头采摘小树鲜叶。春茶的鲜叶，鲜嫩油润，泛出诱人的光泽。

布朗山乡班章村老班章寨子，进出寨子的龙巴门屡经修造后十分气派，寨门匾额上书"老班章　中国普洱茶第一村"。进入寨子，路边还有一

布朗山老曼峨茶农采摘古树鲜叶

布朗山新班章茶农采摘小树鲜叶

间云南农村信用社。过往十余年间，一年四季当中，寨子似乎从未停止过大兴土木之风。通往茶王树道路的两侧，撑起了黑色的隔离网，许是游客太多，难免好奇会摘茶叶，而茶价日渐高涨，为了减少损失，不得已有了这种举措。只是就连茶地里采茶的人，被外来游客询问时，都已经表情冷漠完全不愿意作答了。换作任何人也许都会不堪其扰吧！围绕茶王地新近修造了观光栈道，人们来去匆匆，少有人注意到茶王树每况愈下的长势。

十多年前，刚刚认识的茶农把我们带到了自家的茶地，并着意交代："不要采人家的茶叶啊！要采采我们自己的。"从茶地返回的路上，他同迎面遇到的一位老婆婆打了声招呼后，低下声音告诉我们："不要小看这位老太太，她一天到晚光是采茶卖鲜叶，就有两万多元赚到手。"

时近 3 月底，偶然遭遇了冰雹的无情袭击，完全成熟的老叶片、幼嫩的新梢都被打落一地。茶树上残留的叶子，看上去也无精打采，一片片耷拉下来，叫人无比心痛。照理说，应对这样的灾害，最好是选择停采留养，让已经上了年纪的古茶树先保住自己的生命，休养生息，来日方长。可是在眼前巨大利益的疯狂驱使下，茶园里到处都是采茶人，让人忍不住为古茶树的命运添了几分担忧。

西双版纳州勐海县勐混镇，贺开村曼弄老寨寨门附近，三条道路通往各个寨子，周遭是一望无尽的古茶园。适逢 3 月下旬，拉祜族的茶农妈妈背着孩子来到茶园，让孩子就地玩耍，转身就去忙着采茶了。茶园里一群散养的牛盯着外来的人看了看，然后"哞"地叫了一声，摇摇尾巴转身离开了。放眼望去，到处都是忙碌的采茶人。从日出到日落，从旱季到雨季，伴随茶树新梢萌发，茶农年复一年地从事着采茶的活计。傍晚时分，一位拉祜族的老人家骑着摩托车驮着孙子、孙女到一家初制所交售鲜叶，满满的一袋子鲜叶换成了一叠薄薄的钞票，慈爱的老人

贺开村茶农爷孙

家从中抽出两张零钱分给年幼的孩子，两个孩子躲在老人家的身边胆怯地望着外来的陌生人。相熟的茶农家里，墙上挂着一个奖牌。勐海（国际）茶王节组织了采茶能手大赛，奖项的名称贴切生动：金手奖、银手奖与铜手奖。古茶树鲜叶的巨大价值，通过采茶人灵巧的双手得以实现。

西双版纳州勐海县勐宋乡，曼吕村拉祜族那卡寨子，地处纳板河流域国家级自然保护区，生态环境优越，向来都是勐宋乡最为有名的古茶村寨。时值3月下旬，正是古茶园的旺采期，一位拉祜族少女站在一棵碗口粗的茶树上采茶，瞧见有人拍照，她羞涩地笑了笑，从近2米高的古茶树上凌空纵身跃下，转身到更远处继续采茶去了。一位年长的拉祜族阿婆坐在树荫下休息，两个大竹筐，一个盛满了鲜叶，另一个里面坐了个年幼的孩子，正睁大眼睛望着外来的人，脸上

那卡寨阿婆正在看护孩子

忽然绽放出天真的笑容。一位年逾古稀的拉祜族老太太，赤脚背了一筐柴火，手里拄着一根棍子，脚下生风走得飞快，紧赶慢撵都没能追上。这古老的村寨里，旧日的生活习俗依然在延续。

勐宋乡蚌龙村保塘拉祜族旧寨，这个族名寓意"猎虎"的民族并不擅长与外界交往，拉祜族人似乎有意与外界保持距离。古茶园里，两个正在玩耍的拉祜族小孩看到照相机，猴子般身手敏捷地就近攀上一棵树，藏身在浓密的枝叶里，用手微微分开树枝向下悄悄探看。正在采茶的茶农，见有外人搭话，就动身前往更远处去采茶，只留下一个沉默的背影。

保塘寨采茶的茶农

西双版纳州勐海县格朗和哈尼族乡，帕沙村帕沙中寨，入口处新修了一座气派的寨门，两侧书写有一副对联：山光扑面因朝雨，茶林身处有人家。寨子附近就有古茶园，细细察看，群体种的古茶树亦有早芽种、中芽种与迟芽种的分别。早芽种已然到了可采的地步，中芽种的幼嫩芽叶正自奋力萌发，迟芽种的犹自看不到新芽。这也是一种道法自然的自我调节，采茶期拖长，自然须要分阶段采制，契合人力需求。

寨中所见，凡是旧宅所在，皆有古树环绕，且大都是早芽种。私下猜想，这或许是古老的茶山先民的智慧，近在眼前的古茶树，方便就近观察，成了离家较远的茶地的消息树，能够及时告知主人采茶时节的来临。若此猜想属实，古老的茶山民族的智慧真令人叹服！

时值3月底，清晨的茶园尚笼罩在云雾中，勤劳的哈尼族茶农已经开始采茶了。他们将梯子靠着茶树，尽可能减少攀爬对茶树的影响，茶叶价值的提升促使了茶农保护茶树意识的增强。也有同一个寨子的茶农来到古茶园里，只为拍摄一段采茶的视频，然后就转身离去了。

时值11月初，帕沙之巅，地处犀牛塘的古茶树，新梢兀自萌发，

帕沙山茶农晨雾中采茶

却少有人采摘。早年市场热度高，茶树但凡发了就采。而今市场渐趋理性，嫩芽新发时不再采摘。于古茶树来讲，这也是一个休养生息的良机。眼前的古茶园，在雨季过后正在恢复生机。难得来一次，益木堂主王子富提议大家采些鲜叶，回去炒一锅茶尝尝。茶农二话不说就爬上了树，当相机的镜头试图对准他的时候，他却说："照相还是不要了，做人和做茶一样，还是低调点儿好。"闻听此言，大家都笑了起来。

格朗和哈尼族乡南糯山村，哈尼族半坡老寨，路边矗立着一块大石头，上面铭刻着大字"南糯山　全球古茶第一村"。半坡老寨的寨门几经翻修，传统的木结构寨门已经被水泥结构的寨门取代。寨门左右两边的木头雕像犹在，雕凿手法简陋，却不失质朴与生动。从半坡老寨通往茶王树的道路屡经修建，已经成为一条旅游观光道。每逢茶季，参观茶王树的游客络绎不绝。

适逢 3 月下旬，古茶树已经陆续开采。一位年轻的哈尼族茶农坐在路旁，幼小的孩子倚靠在爸爸的身上，逢人路过，茶农就起身热情地寒暄，介绍路旁自家的茶地，顺手散发名片，邀人到家中喝茶。待人走远，复又坐下看手机，等待下一波人。

南糯山茶王地附近，年轻的哈尼族妇女攀上茶树，踩着枝丫，伸手采摘萌发的新梢。喧闹的参观者大多只为瞻仰茶树王，来去匆匆，甚少留意采茶的人们。

西双版纳州景洪市勐龙镇勐宋村，哈尼族的先锋寨，向

南糯山路旁等候客户的茶农父子

勐龙镇勐宋村茶农采茶

以苦茶闻名于世。适逢4月初，头拨春茶已近尾声。先锋寨的茶园中，三三两两的茶农依然在采茶。远远望去，古茶树呈现出两种不同的叶色，一种叶色整体偏墨绿，另一种叶色整体偏黄绿。出于好奇，摘下这两种不同叶色茶树的嫩芽放在口中咀嚼，墨绿色茶树的嫩芽入口清苦，苦后回味清甜。黄绿色茶树的嫩芽入口苦比黄连，直苦不化。当地人说这是分辨甜茶、苦茶的唯一方法。

传说中，数百年前当地哈尼族人的祖先自森林中采摘野生茶树的种子孕育出了苦茶，这种茶至今依然野性难驯，保留着原始的犷味。当地的茶企为了拣选出甜茶，有意提高了数量稀少的苦茶的收购价，反而导致了苦茶暴得大名。直至近年，甜茶的价格才超过苦茶。

景洪市基诺山基诺族乡新

司土村，亚诺拥有攸乐山最多的古茶园，村子的入口处新修了寨门，门额上书"亚诺（龙帕）攸乐贡茶第一村"。史籍上记述的攸乐山就是如今的基诺山，伴随着民族身份的确认，族群的称谓从传统的攸乐到现代的基诺。村子的名称从傣语的龙帕改换为基诺语的亚诺。古茶园就在村子后边的山上，专门修建了观光步道。素常村子里的人上山采茶，大多身穿便装。适逢 3 月底，村子里的茶农邀请远道而来的客人换上基诺族的服装上山采茶，并大大方方地表示："自己采茶自己炒，做好了都拿走，不要钱。"完了接着补充："采多少都不要紧，采得多是自己的本事，我绝不反悔。"一低头看到大家的裤子上沾满了各种荆棘，马上提醒大家："手机拍下来，发抖音，发微博，发微信。"即便是地处深山的少数

身穿基诺族服装体验采茶

民族，也早已熟稔现代网络的传播方式。

　　基诺山乡司土村司土老寨，古茶园分布在寨子后面的深山密林中。适逢 4 月下旬，正当二春茶的旺采期，寨子里基诺族的男男女女都深入茶园忙于采茶。古茶树主要是茶园改造后留下的"砍头树"，茶园远离寨子，午饭随身携带。采茶之余，犹不忘采集野菜，古老的习俗延续至今。

　　遭逢连年的干旱，鲜叶的产量大跌，骑着摩托车驮运鲜叶的茶农忍不住喟叹："就只收了这一小点儿鲜叶，今年都不知道要吃什么！"靠天吃饭的茶农，有着外界未知的不易。

　　西双版纳州勐腊县象明乡，安乐村新发寨革登茶山古茶园里，临近清明，古茶树新梢发得正旺。一位彝族老人家正坐在茶树上采茶，云南十八怪之一——老太太爬树比猴快，果然名不虚传。树下面站着一位拄着拐杖的老爷爷，腰间斜挎了个盛装青叶的布袋。年近八旬的老两口舍不得自己半生守护的古茶园，担心

革登山上树采茶的阿婆

租给别人照料不好茶树，不肯跟随儿女们到城里去生活，而是守着一方茶园过活。幸而两位老人精神奕奕，身板儿硬朗，偌大年龄还能下地劳作，动作麻溜儿上树下树采茶，让人好生羡慕。这样的日子就是好日子。

连续几个晚上的降雨，使得古茶树争相萌发，到处都是采茶人。一位年轻的瑶族妈妈站在树上采茶，一双儿女也趁节假日过来帮忙，儿子15岁，女儿13岁，一个个手脚麻利，采起茶来非常熟练。与妈妈攀谈得知，她今年36岁，还是希望自己的孩子好好读书，走出这大山，她感叹道："还是城市里好，有雾霾也是城里好！"城市化进程的浪潮，已经波及这偏远古老的茶乡。

由安乐村值蚌村小组通往古茶园的入口处，设立了铁栏杆，不允许车辆驶入，此举是为了保护古茶园的生态环境。带状道路环绕山腰，道路两侧的坡上坡下尽是连绵不绝的古茶园。一眼望去，一个年轻姑娘正站在十多米高的树权上采茶，几番调整角度，还是没有办法拍到理想的照片，茶农唐旺春大声喊道："美女，转过来拍个照嘛！"不喊还好，喊了以后，姑娘转过身去，只留给我们一个背影。

爬上坡去看一株特殊的古茶树，来的时机刚刚好，正值茶树萌发旺盛之际，新梢呈现出典型的玉白色，在阳光的照射下璀璨如玉，煞是好看。唐旺春说："这株茶树每年发出来都是这个样子！"白化的灌木型茶树见过不少，类似的古茶树还是第一次见，因此交代他叫人好好照看这株茶树，它或许是一种

革登山茶王地茶农采茶

宝贵的种质资源呢!

值蚌密林深处沟谷里的茶树王地块,目测面积并不大,却有多棵高杆古茶树。抬头仰望,正对面的一棵高杆茶树上,两个年轻的茶农小伙子正在忙着采摘鲜叶。逆光拍摄的照片,像极了剪影。他们往返家里和茶树王地块全靠步行,背着满满一竹筐鲜叶,挥洒的是汗水,收获的是财富。

安乐村委会驻地在牛滚塘,一村管两山,这里是革登茶山、莽枝茶山的中心。时值4月上旬,正值春茶旺季,牛滚塘附近莽枝山江西湾国有林古茶园里,四下都是忙碌采茶的农人。茶农丁俊大哥指向一棵大茶树,走近细看真是让人惊叹不已,树高足有近20米,笃定无疑是普洱业内人士青睐有加的高杆古树。或许正是因为生长在这阴山坡谷里,为了获取更多的阳光,茶树才生出如此这般的挺拔身姿。据丁俊大哥介绍:"莽枝茶山、革登茶山地界最高大的就数这棵古茶树了。"然后他又仰头对着树枝上影影绰绰的采茶人大声叮嘱:"小心点儿,别掉下来了!"又兀自喃喃细语:"这要掉下来,包死。"人人只道高杆好,少有人知道采摘高杆茶树鲜叶面临的巨大风险。

象明乡倚邦村,倚邦山曼拱古茶园,时值3月底,遇上

一位采茶的农妇，她主动打招呼拉客："你们买茶叶吗？"同行的田丹姑娘笑着说："我们是游客，就是来茶园里照相的。"我们常用这种方法婉言谢

倚邦山曼拱茶农采茶

绝茶农见人就想拉客的行为。可没有料想到，这位采茶的农妇没好气地嗔怪道："不买我家的茶，不许拍照。"于是我们默默地转身离开了。曾经，这古老的茶山贫穷而落后，却民风淳朴。短短数年间，名山头古树茶的兴起，给茶山带来了滚滚财富，随之而来的却是人情逐渐变得冷漠，不复当年的热情和睦、淳厚朴实。先贤老子有云："祸兮福之所倚，福兮祸之所伏。"福祸相转，似乎将再次在这古老的茶山上演。在经济浪潮的碾压下，这似乎是一种无可避免的悲剧性命运。

象明乡曼林村，蛮砖茶山曼林古茶园。时值 3 月底，头春茶季已近尾声了，茶农滕少华大哥的爱人说："前期下雨，气温高，茶树一下子都发了，20 多个人一起去采都采不过来。"采茶的小工都是从山下的傣寨请来的，按天结算工钱，130 元 ~160 元一天，算上吃住，一天下来需要 200 多元。这一笔经济账，茶农算得清清楚楚。

茶园中一位上了年纪的大姐边采茶边搭话，自称是一位我

蛮砖山曼林茶农采茶

们相熟的茶农的姐姐。象明乡的四座古茶山，地域面积广阔，现代通信条件的改善使信息的沟通变得非常快捷及时。"每天象明五个村委会的支书通一下电话，当天茶叶的行情就清清楚楚了。"

象明乡曼庄村，既往蛮砖茶山的中心寨子。时值11月中旬，已经进入冬茶季。一位老人家背了个布袋，在寨子边上的茶园中采茶。这个时节采摘炒制的茶叶，老人家大都留着自己品饮。辛劳一年，总该是要留点儿茶犒劳自己的。

蛮砖山曼庄茶农采冬茶

易武镇麻黑村，瑶族刮风寨白沙河古茶园。适逢4月中旬，几个眉目青涩的少女正在采茶，见到陌生人连忙闪避一旁。听闻这是与刮风寨相邻的老挝丰沙里省来的采茶工。另外一位老人家坐在茶树下休息，嘴里抽着的是用矿泉水瓶自制的水烟袋，呼呼作响，满脸笑容。

　　瑶区瑶族乡新山村，时值4月下旬，鲜叶贩子守在铜箐河的入口处，等候鲜叶出山。2014年，西双版纳易武州级自然保护区的成立，也为铜箐河带来福音，这里被默认为易武

易武山采茶间歇休憩的
瑶族老人家

易武山铜箐河入口处
守候的鲜叶贩子

小微产区，唯有铜箐河两岸有茶树的瑶族茶农可以进去采茶。茶农或头顶或身背，小心翼翼地涉水运茶。大小厂家的原料采购员，都只能遵照规定不得入内。春茶采摘旺季，铜箐河入口处的公路两边挤满了等候的人们，他们眼巴巴地等候心仪的铜箐河鲜叶，又生怕被别家出高价抢了去。这壮观的一幕，几乎在茶季的每一天都会上演。

  普洱市澜沧县惠民镇景迈村，景迈山大平掌古茶园。时值4月下旬，二春茶季已近尾声。景迈村傣族茶农正在采茶，优越的生态环境，加上茶山人家的用心呵护，使古茶树得到了最好的对待。茶树上偶尔可以见到螃蟹脚（寄生类植物，可入药），与茶树相伴而生。

  曾经穿越大平掌古茶园的弹石路已经被封闭，只能步行

景迈山大平掌茶青交易现场

或者是骑摩托车穿行。茶树鲜叶的价格高低有别：最贵的是爬上树采的鲜叶，其次是抬头采的鲜叶，价格低的是低头采的鲜叶。守候在茶园边上的鲜叶贩子，按质论价，现金交易。坐在路边休息的采茶工，面对外来者好奇的打量，无不羞怯地转身将脸背向一边。

景迈山芒景村哎冷山古茶园。时值清明，恰遇有茶农在采摘茶魂树，于是随口

景迈山芒景茶农采摘茶魂树

询问："您也是布朗族人吗？"采茶人笑着说："在统计人口的时候我们家划归的是布朗族。"采茶的人，或是独自一人，或是夫妻结伴，或是举家而出。多数时候，茶农并不会将大小树分开采摘，采摘大茶树鲜叶的时候，就身手矫健地攀上树去，从大茶树上下来，也是抬头采采、低头采采，大小树混采是普遍现象。

手脚麻利的人一天能采下三四十公斤鲜叶，平均每人也至少能采到 20 公斤的鲜叶。面对相机的镜头，年轻的采茶人热情召唤游人，甚至主动配合摆出各种造型。稍微上点年纪的，还是不免有些腼腆，总想要躲开镜头。

普洱市宁洱县宁洱镇宽宏村，困鹿山古茶园。围绕古茶园转圈修建了观光栈道与观景台，十多年的时间里，早年栽种的小茶树放养后长得郁郁葱葱，逐年逼近古茶树的高度。时值4月中旬，古树茶开采。为了保护古茶树，茶农或登梯或搭架，这样既可以防止踩断树枝，亦可以尽量采得干净。鲜叶中，尤以中小叶种的古茶树鲜叶价值不菲。古茶树数量稀少，即便是拥有古茶树的人家，往往也只有几棵，收入牵动着人心，因此尤其需要对古茶树精心呵护。

普洱市景谷县景谷镇文山村，苦竹山古茶园。当地茶农李氏的族谱中记述：明末清初，李氏迁居至此，后裔以种茶为生。老辈人传说苦竹山原名孔雀山，后来孔雀飞走了，于是以栽种的苦竹为名。这个传说隐喻了族群的迁徙，外来的汉族取代傣族在此定居。当地的茶农感叹："若是还叫孔雀山的话，怕是茶价比现在贵上十倍都不止了吧！"时值10月中旬，正是秋茶的时节。顾不得午后阳光的炽热，茶农的妻子急

困鹿山茶农采茶

急起身前去茶园采茶了。春茶也好，秋茶也罢，辛勤的农人，一年到头在茶园间劳作，为的都是能有更多的收获。

临沧市临翔区邦东乡邦东村，昔归忙麓山古茶园。地处澜沧江畔的忙麓山古茶园，茶园入口处立了块临沧市级文物保护单位的石碑，茶园中修造了观光游览的步道。古茶树与小茶树混生，几年光景，长势旺盛的小茶树将道路遮蔽得严严实实，而真正的古茶树十分珍稀。

时值3月下旬，茶园才刚刚进入开采期，一对年轻的茶农夫妻正在采摘小茶树，由于价值不菲，小茶树上的鲜叶也能带来收益，自然而然被采摘干净。10月中旬，古茶园进入了秋茶采摘收尾时段，辛勤的采茶工依然在忙碌个不停。采茶工来自附近的村庄，自带饭食，天亮上山，天黑返家，辛劳一天，

昔归茶农采摘小树茶

所获无多，为了生计，又不得不日复一日地来回奔忙。

临沧市双江县勐库镇冰岛村，冰岛老寨的古茶园就在茶农的房前屋后。十多年的时间里，原本地处深山的冰岛村，因茶暴得大名，引得各方人士纷至沓来。当地政府也力主将其打造为旅游景区，将南等水库改名为冰岛湖，并在山下大兴土木修造冰岛小镇，而今更以保护古茶园的名义，要将整个冰岛老寨拆迁。

经春、历夏至秋，冰岛老寨从不乏慕名而至的寻茶人。每一季茶树萌发的新梢，都有渴慕冰岛茶的主顾求购，甚至打破了雨水茶少有人问津的局面。不独是鲜叶的交易，就连媒体也起到了推波助澜的作用。9月下旬，秋茶季节，这厢守候在古茶树下的买主正在称取刚刚采摘下来的鲜叶，那厢已经有"长枪短炮"围观拍摄茶树上身着筒裙摆拍采茶的女子。现实与表演在同一个时空下呈现出来，带上了几分魔幻现实主义的色彩。

临沧市凤庆县小湾镇锦秀村，村子的路边，两位身材高大魁梧的外国人与几位茶农围着一棵古茶树采摘鲜叶，其中一位外国人身手敏捷地攀上树去，采起来有模有样，另一位则用三脚架把相机支在树下仰拍。采茶的同时拍摄纪录片，商业文化的触角无处不在。

旱季与雨季循环往复，茶树萌发的嫩梢带来新茶的消息。一座又一座茶山，一个又一个族群，人与茶相伴而生，伴随着岁月的转换，时代的律动，奏响了人与茶的命运交响乐。

俄罗斯茶商采摘香竹箐单株

冰岛茶农摆拍采茶

匠心制茶：初制工艺

采摘自茶树枝头的新梢，经由制茶人的慧心妙手，历经一次又一次的蜕变，最终变成呈现在世人面前的一盏茶。

茶源于自然，从蒙昧时代的散收、无采造法到童蒙时代的散茶制法，自唐至明历经千百年的演进，初制工艺臻于完善。采摘鲜叶、锅炒杀青、日光干燥，历经初制工序制成晒青毛茶，赋予了茶第一次新生。

明清两代数百年的锤炼，蒸而成团的精制技艺臻于精绝，方非一式、圆不一相的普洱紧团茶再次焕发生命力，展现出绝世芳华。

古典茶文化时期，自唐以降迄至清末，历经上千年的时间，制茶技艺从粗疏简陋至精益求精，从初制后的散茶至精制成的紧团茶，普洱茶的品质日臻完善，至清则名遍天下。

自清末民初始，普洱茶的家族不断扩大，制茶技艺丰富多样。延续传统制法，在初制、精制工序中不经发酵制成的绿汤普洱茶，清香独绝。继起创新制法，在初制、精制工序中经发酵制成的红汤普洱茶，味浓芬芳。

新中国成立之后，普洱茶再次迎来变革。初制工艺不断规范，散茶类晒青毛茶，经拣选、拼配后的成品统归滇青茶类，以嫩度高低区分为春蕊、春尖、春芽等品类。晒青毛茶复经拣选、拼配、蒸揉、干燥等工序制成各种紧压茶，以其形态分别归入圆茶、方茶、沱茶、紧茶等品类。吸纳初制、精制与贮存等环节中的发酵工序原理，最终催生了熟茶。

现代茶文化时期，自民国初年至今，历经上百年的时间。

从鲜叶至毛茶的初制工艺，再度加工的精制工艺，在加工过程中以是否发酵为分界线，分别演化为后世的生、熟普洱茶。

科学指引下制定的标准明确了普洱茶原料与成品、初制与精制的定义：采摘鲜叶经摊放、杀青、揉捻、干燥制成的晒青毛茶属于普洱茶的原料。晒青毛茶经精制工艺紧压成型后属于普洱生茶。晒青毛茶经精制工艺渥堆发酵后的散茶，以及再度紧压成型后的紧压茶，都属于普洱熟茶。

经初制后呈散茶形态的晒青毛茶本属于普洱茶，放诸传统视野下，有着无可辩驳的历史地位。在晒青毛茶的身份问题上，科学制定的标准与文化传统之间观念相左，有待进一步的探究与厘定。

自唐以降，普洱茶逐渐融入人们的生活。千百年来，制茶的技艺不断演进。普世的法则，追求的是能喝，极致的追求是好喝。从农耕文明时代到工业文明时代，从仰仗自然到尽力摆脱依赖，从传统的手工制茶技艺到现代的机械制茶技艺，为的都是制出好茶。要制出好茶，原料是基础，工艺是保障，贮藏是升华。制茶工艺的划分，首先在初制，其次是精制。初制工艺的原理：三分原料天注定，七分工艺靠打拼。初制工艺的精髓：看天做茶，看茶做茶。长年累月积累下丰富的实践经验，言传身教锤炼出精绝的制茶技艺。

一道又一道制茶工序，都是一代又一代制茶工匠辛勤劳动后的经验总结与智慧的结晶。每一道制茶工序的背后，都有着无数动人的情节。让我们一起走进普洱茶乡，一同去探寻茶的奥秘，聆听人与茶的故事。

摊青与萎凋

关于鲜叶的摊放，摊青指的是静置的状态，萎凋描述的是青叶形态的变化。看似寻常的工序，蕴含着影响茶叶品质高下的奥秘。科学阐释了其间的原理：随着水分的散失，鲜叶中部分低沸点的香气物质逐渐挥发，叶质趋向柔软，为滋味的优化做好铺垫。

摊青工序的有无，将茶叶分作两个世界。未经摊青的茶叶，恍似被遗忘在过往的时光里。茶叶经由摊青，得以蜕变与提升。

摊青工序的精细与否，影响了茶叶品质的高下，或因精细而提升品质，或因粗放沦于庸常。

从古至今，茶师们最爱的都是用竹制品来摊放鲜叶，竹席、竹匾等器具或方或圆，形态蕴含着古老的天圆地方的朴素理念，而竹子也将其高洁的品性赋予了茶，引得无数茶师赞叹：竹制器物摊放出的青叶，有着最美好的香味。

从农耕文明时代到工业文明时代，人们不断尝试摆脱对自然的依赖。萎凋槽就是现代科学技术的产物，被广泛应用于茶叶初制工序中。遇有阴雨天气，人们不必再担心摊青成效。在晴朗天气，也能极大地提升效率，减少对工人的依赖。科技的进步不独为了提升品质，更为了将人从繁重的体力劳动中解放出来。

西双版纳州勐腊县易武镇，曼腊村瑶族丁家寨，时值冬月，一年中难得的农闲时节。勤劳的瑶家人，仍然在操持手中的活计，阿婆在纺线织布，为缝制民族服装作准备；阿公在劈削竹篾，为的是编造竹匾。因茶而富的农人，也要为来年新茶上市早早做好准备。

勐腊县象明乡倚邦村倚邦老街，街道两旁的茶农新居鳞次栉比，只留脚下的石板路还保留着岁月的印迹。时值3月，新茶即将上市，彝族的阿婆在缝制衣物，彝族的阿公在修理损坏的竹匾。茶山人家，衣食所系全在于茶。有了茶，生活也就有了奔头。

同属倚邦村的曼拱，拥有倚邦茶山连片面积最集中的古茶园，因茶而富的彝族人家过上了好生活。时近清明，寨子里有农人正扛着从山上砍下的竹子往家走。家中从四川请来

易武镇丁家寨编造竹匾的瑶族阿公

倚邦老街修理竹匾的彝族阿公

了专事编造竹匾的师傅，正忙着劈削竹篾，农家尚在蹒跚学步的小妞妞嘴里噙着手指头好奇地张望，满脸笑意的篾匠师傅暂且停下手中的活计看着眼前的小妞妞。普洱茶的热销，带来了对竹匾等器物的巨大需求，传统手艺再次焕发了活力。

倚邦曼拱编造竹匾的篾匠

象明乡曼林村高山村民小组，时值冬月，亚热带高山上的古茶园尚未完全进入休眠期，零星采回的鲜叶，大小长短不一，茶农大哥抽着水烟袋与乡邻闲话家常，茶农大嫂挑拣着鲜叶。纵是供自家享用的茶，也还是要精心对待。

曼林高山茶歇的彝族茶农

此际，同属蛮砖茶山的曼庄村曼庄大寨里，茶农大嫂将拣选后的冬茶鲜叶摊放在竹匾中，转身端起来放在晾青架上，待摊青适度后再行炒制，这是辛劳一年之后犒赏自家的茶叶，虽说数量不多，也可享用

蛮砖茶山曼庄茶农挑拣过的冬茶鲜叶

些时日。

景洪市基诺山乡亚诺村，时值3月下旬，头春茶旺季，当天采下的鲜叶正在摊青。量大的小树茶鲜叶摊放在竹席上，量少的古茶树鲜叶摊放在竹匾里，从摊青环节就可看出鲜叶价格的高下，质优价昂的古茶树鲜叶会得到更好的对待。同村的基诺族茶农也逐渐开始采用萎凋槽，现代制茶观念与设备也惠及古老的茶乡。捧一捧鲜叶细细嗅闻，古茶树的鲜叶散发出沁人心脾的青叶香，经由摊青的工序，香味将迎来蜕变与升华。

勐海县布朗山乡班章村老班章寨子，因了古树茶价值的飙升，人们不再像既往那样对待鲜叶粗疏、漫不经心，而是彻底转变为精心侍弄的谨慎态度。小批量采摘的时候，鲜叶

攸乐山亚诺青叶萎凋

老班章青叶萎凋　　　　　　　　　贺开山青叶萎凋

被摊放在竹匾里，放置在晾青架上。大批量采摘的时候，萎凋槽就派上了用场。哈尼族的茶农懂得摊青的精髓，将青叶均匀薄摊，悉心地照料青叶，得到的将是茶叶价格提升后带来的丰厚回报。

　　与班章村相连的贺开茶山属于勐混镇贺开村的地界，大自然是如此的神奇，仿佛在地域之间划下了一道肉眼看不到的界限，两地的茶有着迥然不同的风格。班章村的古树茶中受人追捧的是苦茶，而贺开村受人青睐的则是甜茶。时值3月下旬，拉祜族曼弄老寨，农家采回的古茶鲜叶盛装在竹筐中等待摊放，抓一把鲜叶嗅闻香味，挑一枝嫩梢仔细观察，想要读出静默的青叶守护的秘密。

　　勐海县格朗和乡南糯山半坡老寨，时值3月下旬，傍晚时分，采茶工们成群结队地回到茶农家中。当天都是按照主顾的要求单株采下的古茶树鲜叶，每一棵茶树都细心地做了标号，一袋袋的鲜叶中放着各自标号的纸牌。每一袋鲜叶的色泽都各不相同，显现出群体种的古茶树丰富的种性特征。

南糯山单株青叶摊放

帕沙山青叶摊放

单株采摘的古茶树大小不同，采下的鲜叶数量各异，逐一称重之后，重量少的只有不到两公斤，重量多的也不过三公斤有余。对纯料的追求，以单株为最，可说是登峰造极。但也难免会留下遗憾，或许其丰富性也由此丧失。

　　隔着峡谷与南糯山遥遥相望的是帕沙山，两山曾经同属一山，直到如今也同属于格朗和乡，同样属于哈尼族的分支优尼人，两山之间往来不断。时值3月下旬，帕沙村帕沙中寨的茶农家中，当天采回的鲜叶按采自大小树的不同分别摊放。抓一把古茶树的鲜叶，用手轻握，叶片如绸缎般柔软。

捧一捧鲜叶嗅闻，古茶树鲜叶的香味也更为迷人，与青草气强烈的小树茶鲜叶形成强烈的对比，两相比较，高下立判。闻香识茶，始于青叶，终于茶叶。

普洱市澜沧县惠民镇景迈山，布朗族芒景大寨，时值3月下旬，正值头春生态茶鲜叶集中上市之际。在一家茶叶初制所内，萎凋槽已经不够用了，地上临时铺就的竹席也都堆满了鲜叶，负责人挥舞着双手做抱头状，笑着抱怨："一天

景迈山青叶萎凋

困鹿山秋茶青叶萎凋

五千公斤鲜叶，想想头都大了，今天晚上是睡不成觉了。"虽然是如此的辛苦，但制茶人依然坚持摊青的工序。普洱茶近年来之所以能够从众多黑茶中脱颖而出，初制工艺中对摊青工序的注重，功不可没。

宁洱县宁洱镇困鹿山，宽宏村六组位于半山腰，时值10月上旬，雨季已近尾声，回首仰望古茶园所在的山巅，已经是云遮雾绕。茶农喃喃自语："山上肯定是下雨了。"说罢低头抚弄当天采下的鲜叶，悉心摊放。这是当年秋茶季最后一拨鲜叶，至此谷花茶采制收官。

临沧市双江县勐库镇，位于高山上的冰岛村冰岛老寨，曾经的茶生寨中，人行茶中的景象正在逐渐消逝，大多数茶农已经搬迁，只余下十多户茶农留守。声名显赫的冰岛古树茶，具体到每户茶农的名下，数量并不多。时值3月下旬，当天

冰岛老寨青叶摊放

香竹箐单株青叶摊放

采下的鲜叶正摊放在竹席上。许多时候，茶农的命运就如同青叶的命运，并不能完全掌握在自己的手中，都主动或被动地在时代的洪流中起起伏伏。

凤庆县小湾镇锦秀村，时值3月下旬，当天单株采摘的古茶树鲜叶被悉心撒在水筛上，在夕阳的余晖里，青叶闪烁着动人的光泽。不远万里至此的异域他国的主顾，将制茶的每一道工序都用相机拍摄下来，记录下这珍贵的点点滴滴。

杀青

中国人对于"熟"有着近乎信仰般的执着，得益于热食文化的滋养，饮食中的烹饪技法被援引入制茶工序，即茶叶初制工艺中的杀青工序。伴随烹饪技术的演进，杀青技法不断丰富，从水煮杀青、蒸汽杀青、锅炒杀青到微波杀青，核心的追求在于提升杀青的成效。

经由杀青工序，鲜叶中蕴含的低沸点香气物质在温度上升的过程中挥发，散发出青草般的香气，高沸点的香气物质最终得以展现出来，嗅之犹若花果的香味。对杀青温度的掌控最为紧要，以叶温80℃为界限，过则为高温杀青，不及则为中低温杀青。蒸青绿茶、炒青绿茶与烘青绿茶选择高温杀青，晒青绿茶则选择中低温杀青。高温杀青后的绿茶，青叶中低沸点的青草气彻底挥发，追求的是高沸点的纯正花果香。中低温杀青后的绿茶，既保留了高沸点的花果香，又残余有低沸点的青叶香。杀青温度犹似一道分界线，高温杀青后的绿茶追求新鲜自然，伴随时光的流逝香气消散；中低温杀青后的绿茶追求历久弥香，杀青后部分香气物质消散，新的香气物质不断形成。科学阐释了其中的奥秘：青叶中酶的活性临界点为80℃，高温彻底杀死了酶的活性，中低温则保留了部分酶的活性，端赖于酶的作用，中低温杀青后的绿茶留下了香气转化的载体。

农耕文明时代的人们对于新鲜自然的茶叶有着发自内心的渴求，受惠于华夏文明中心地带发达的饮食技术，高温杀青后的蒸青、炒青与烘青绿茶成为主流。而遥远的边疆地带受落后条件的制约，中低温杀青后的晒青绿茶得以存留。远涉边疆的文士感叹于"瀹作草气，差胜饮水"的普洱茶制作工艺粗疏，殊不知正是由此埋下了"藏之年久，味愈胜也"的品质风格。

与其说这是一种不幸，毋宁说这是一种极大的幸运。

进入现代，滇地历史名茶感通茶、宝洪茶纷纷舍弃传统技艺，加入烘青绿茶、炒青绿茶的行列，趋向于以新鲜自然为上的风格，再不复越陈越香的特性。唯有晒青绿茶延续了传统技艺，终于迎来了举世珍赏、名播天下的时代。

西双版纳州勐腊县象明乡，安乐村秧林寨，时值冬月，彝族茶农夫妻正在加工老帕卡。采摘自古茶树上的老叶子，

莽枝山秧林寨水煮杀青后的老帕卡

易武山旧庙茶农平锅杀青

放入水盆中逐一清洗干净。饶是地处亚热带的莽枝茶山，早晚也是寒气逼人。清洗鲜叶的过程着实不好受，时间久了手难免冻得哆哆嗦嗦。洗净之后下锅水煮，而后捞出晒干。延续已久的古法工序，完全仰仗人工的劳心费力。忙碌了几天，茶农也没能加工出多少量来。

易武镇曼乃村旧庙村民小组，时值3月下旬，夜幕已经降临，茶农一家正在忙着炒茶。自家的厨房，昏暗的灯光，灶台上有两口锅，一口锅用来蒸米饭，另一口锅用来炒茶。木柴在灶膛中熊熊燃烧，灶台边上的茶农大嫂正奋力炒茶。眼前的一幕，恍如昔日重现。饮食之间技术的交融，定格为亲眼所见的真实景象。

麻黑村大漆树村民小组，时近3月底，傍晚时分，茶农开始刷锅炒茶。灶台上并排有两口锅，低处的是平锅，高处的是斜锅。茶叶市场逐年升温，茶农也愈发重视制茶，改造了自家的灶台，斜锅专用于炒茶，平锅兼顾炒茶与日用。茶农家养了只小猴子，脖子上拴着绳儿，蹲在一边，捧着一节甘蔗，时而低头啃食，时而伸头探看。

易武山大漆树茶农家的小猴子

瑶区乡新山村上中山村民小组，时值4月中旬，晚饭过后茶农准备炒茶。天气说变就变，转瞬间狂风大作，而后大雨倾盆，不消多时就停电了。

瑶区乡新山村黤夜炒茶

半个小时后雨住风停，眼看茶青已经摊放到位，不得已只好打开越野车的大灯，将初制所照耀得如同白昼，炒茶师立即投身到茶叶的炒制中。一年又一年，无数个茶季的夜晚，炒茶师们都是忙碌个不停，挥洒汗水，投入心血，只为炒制出满意的好茶，那是对炒茶师最大的奖赏。

景洪市基诺山乡新司土村亚诺村民小组，时值4月上旬，基诺族大嫂正在炒茶。有人专门烧火，柴火燃烧形成的浓烟升至房顶后弥漫开来，眼见是锅灶设置的位置不理想所致。正在加

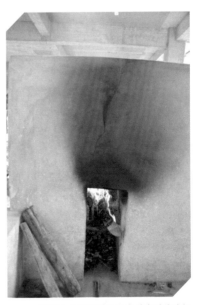

基诺山乡亚诺村民烧火杀青时的浓烟

工的杀青叶难免会沾染一些烟味。从既往售卖茶青到如今自行初制，毛茶的加工看似简单，但想要掌握纯熟，需要经验的积累、技艺的锤炼。更加令茶农担忧的是后辈不肯接手，说起自家上大学的女儿，大嫂半是自豪半是嗔怪："就除了嘴巴勤劳，怎么都讲不过她，干活就不行。"惯于体力劳动的父母辈与希图以脑力劳动谋生的儿女辈之间总有许多意见分歧。

勐海县格朗和乡南糯山半坡老寨，时值3月下旬。哈尼族的茶农姐弟与主顾带来的炒茶师傅开始生火炒茶，当天炒制的是单株采摘的古树茶鲜叶，只是大多数青叶的数量都不够一锅。为了尽力增加数量，老嫩不等的鲜叶都一并采了回来。炒茶的师傅叹了口气："这要是按嫩的炒，老的不熟；按老的炒，嫩的又煳了。"说话的工夫，虽是倍加小心，还是炒煳了。主顾对于单株的执念，只能保证茶的原料很纯，连富有经验的炒茶师也做不到每锅都炒得好。

帕沙山帕沙中寨，

南糯山半坡老寨茶师单株杀青

益木堂总工王子富咀嚼鲜叶挑选原料

时值 11 月上旬，当天采摘的一棵犀牛塘古茶树高大茂盛，采下的鲜叶老嫩适度，称重后有近六公斤，足够一炒的分量。这是经益木堂总工王子富精心挑选的原料地块。哈尼族的茶农小伙站在锅前炒茶，益木堂总工王子富扒在灶沿上指导。原料要好，分量要够，技术过硬，各项条件具备，才能炒制出上好的古树单株茶来。

勐混镇贺开村曼弄老寨，时值 3 月下旬，拉祜族茶农父子已经做好炒茶准备。主顾来自韩国，与茶农相交多年，就连茶灶的设计都有精心的考量，既要方便操作，又要防止烟气熏染。他们特意准备了个测温仪，用来测量杀青时的温度，

贺开村曼弄老寨
茶农杀青时测温

无时无处不体现出精益求精的态度。新上手的小伙子，被手把手地耐心教导，以期达到期望的品质要求。

　　相邻不远处的曼迈老寨，拉祜族的年轻媳妇正在炒茶。来自广东的客户语带挑剔："锅要刷干净，每锅炒完都要重新刷锅。"炒茶极为耗费体力，年轻人也难免有力不能支的时候，一

贺开村曼迈老寨茶农杀青中闷黄

锅锅接连炒茶，锅刷得不及时难免会有爆点。依照客户的要求，杀青的过程中与杀青完成后都增加了闷黄的工序。照此加工，新茶更为甜美。有人喜欢，也有人质疑其后期转换的效果，这些只能留待时间来验证。

　　布朗山乡班章村老班章寨子，时值4月下旬，哈尼族茶农兄弟准备炒茶。劈柴，生火，刷锅，一切步骤按部就班。正在炒茶的光景，天气骤然由晴转雨，转瞬之间窗外的房舍就笼罩在烟雨朦胧之中。当天采回的鲜叶数量极多，到点就要开始炒茶。鲜叶称重后投入锅中，水分遇热蒸腾出白色的烟雾。接连炒茶，身体水分散失极快，茶农不得不在中途停下手中的活计，拧开一瓶矿泉水仰头往口中猛灌一通。山下的主顾来买鲜叶，不甘于价格高昂的鲜叶受到雨天的影响，

将鲜叶装上越野车冒雨下山。一路穿行到山下，身后的高山上雨雾弥漫，眼前的坝子艳阳高照，真应验了俗谚：一山分四季，十里不同天。拉回

老班章茶农杀青

茶厂的茶青，适度摊青，晚饭后开始炒制，力求在杀青工序的细节上精益求精。一样的原料，不同的天气，技艺的分别，所出效果截然不同。

临沧市凤庆县小湾镇锦秀村，时值3月下旬，傍晚时分，茶农开始生火、刷锅，准备炒茶。单株采摘下的古茶树鲜叶足有十公斤，已经摊青到位，分作两锅来炒。主顾来自俄罗斯，一位现场解说，另一位紧随拍摄，默契度十足。茶农炒茶的当口，一位脑袋上绑了个小辫儿的台湾茶商自顾自地现场指导。身着红T恤的俄罗斯茶商站在他身后，摇头摆手配合生动的面部表情以示不屑，台湾茶商似有所觉，回过头去，俄罗斯茶商立马转过身去背着手，一副若无其事的模样。这活脱脱一幕无声的话剧，让人忍俊不禁。茶农十分无奈，只好暂且停下手中的活计说："要不您来炒一锅？"台湾茶商连连摆手，总算是停止了喋喋不休。

临翔区邦东乡邦东村昔归村民小组，时值9月下旬，茶农叔侄两个正在炒茶。年长富有经验的叔叔亲身示范，年轻的侄子接替上手练习。叔叔时而查看灶膛中火势的大小并随手调整，时而站在灶台边上凝神细看，每每茶青翻转的当口，便迅速地用刷子扫一下锅底。岁月更迭，茶农们将炒茶的技艺代代相传，使古老的炒茶技艺得以长久传承。

普洱市澜沧县惠民镇景迈山，布朗族芒景大寨，时值3月下旬，临近午夜，一家茶叶加工厂内灯火通明，车间内一派热火朝天的忙碌景象。手工炒制杀青的是价值高的古茶树青叶，采用滚筒杀青机加工的是量大的生态茶青叶。正值茶季生产的高峰期，全部的工人都投身生产一线，满负荷运转，每个人的眼睛都熬得通红，根本无暇休息。农业生产的时令性决定了此时工作的忙碌，抱怨也无济于事，只有拼尽全力完成工作。

从农耕文明时代进入工业文明时代，传统的手工锅炒杀青技艺已经逐渐没落，现代的机械杀青技艺逐渐成为主流。无论是手工杀青，还是机械杀青，为的都是加工出理想品质的茶。

揉捻

茶的形态千姿百态，或粗疏朴拙，或造型精细，体现出茶师的追求，显现出人的审美。饮食同源，揉捻工艺出自饮食的加工技法。从农耕文明时代的手工揉捻技艺到工业文明时代的机械揉捻技艺，科学阐释了揉捻工序的本质

锦秀村茶农单株杀青

昔归茶农叔侄合作杀青

景迈山茶农滚筒杀青

追求：经由揉捻，茶叶细胞壁破碎，茶汁附着在叶表，以水为载体，人体得以吸收其中的水溶性营养物质。晒青毛茶条索的松紧程度，因制茶师观念而异，或为抛条形，或为紧条形。

西双版纳州勐腊县象明乡曼林村高山村民小组，时值4月上旬，彝族茶农正在揉茶。杀青叶略加摊晾，即用双手搓团揉捻。长年累月的劳作，使得茶农手臂肌肉结实，揉茶的动作强劲有力。反复搓揉后，茶条成型，双手捧起茶条轻搓，散开的茶条纷纷落下。揉捻、解块，日复一日，眼前依旧青叶油绿，鬓角间却不觉泛起霜华。

曼林村高山茶农手工揉捻

倚邦村曼拱茶农母女揉茶

倚邦村曼拱村民小组，时近清明，彝族茶农夫妇正在揉茶。年幼的孩子偶尔会学着父母的动作揉茶，对于天真的孩童来讲，揉茶不过是游戏玩耍，而对成年的父母来说则意味着一家人的生计。赶上了茶市兴旺的好年景，埋首劳作的父母期盼着多得一点儿收益，让孩子们能够度过无忧无虑的童年时光。茶中百般滋味，尽显人生百态。

安乐村新发老寨，时值4月上旬，彝族茶农一家正在忙着揉茶。古树茶的收益更高，茶农不吝体力手工揉捻后解块。量大价低的小树茶杀青叶，则由机械揉捻后用机器理条。揉捻方法的选取，许多时候都是基于经济的考量，追求的是效率与效益的最大化。

易武镇麻黑村，时值3月下旬，手工锅炒杀青结束后，天色渐晚。杀青叶被投入机械揉捻，揉捻叶的解块则又恢复

安乐村新发茶农用机器理条

麻黑村茶农使用机械揉捻

新班章茶农手工理条

手工。人力与机械的结合使用司空见惯，农家追求的是方便实用，两者之间并不存在泾渭分明的界限。

勐海县布朗山乡班章村新班章寨子，时值11月上旬，哈尼族的茶农大嫂正在忙碌着加工秋茶。茶叶市场的风向逐年变化，直条形的晒青毛茶一度受人追捧。于茶农来讲，这并不是什么难事，只不过多一道工序。一手抓起一把揉捻叶，往另一只手掌上轻甩，用手掌接住后轻轻将一下，再顺手放进竹筐里。左右手交替，驾轻就熟，这手法经千万次的锤炼而成。

勐混镇贺开村曼迈老寨，时值4月下旬，拉祜族人家的年轻媳妇忙着手工揉茶。茶叶揉好了以后，并不急着解块，而是有意识地进行了闷堆，以至于有些人认定晒青毛茶的初制属于黄茶的加工技艺。其实，这不过是晒青毛茶加工方法中的一种罢了。来自五湖四海的客户，往往有着各自的要求。不同于许多汉族茶师认为这是对自己的冒犯，少数民族的茶农反而更加随性，只要客户肯买，总是按照客户的要求来做,语言质朴平白: "你要的茶嘛！你说了算。"

　　格朗和乡南糯山半坡老寨，时值3月下旬，哈尼族茶农家的姑娘正在揉茶。依照客户意愿采摘的单株，杀青后堆成了一个个小堆。究其重量，实在是过少，本不足以按照单株标准加工，奈何想要做成这单生意，就只有依了客户。茶农家的姑娘单腿跪地，将竹席上堆放的杀青叶逐一手工揉捻，解块后又恢复成堆状，以便茶叶内部的水分重新分布，尽力让茶叶呈现出

贺开村曼迈茶农揉捻后闷堆

南糯山茶农单株揉捻后闷堆

更好的品质状态。按单株采摘的原料分量不足，只能通过尽力完善工序中的细节来弥补。最终呈现的品质如何，只能是尽人事，安天命。

临沧市临翔区邦东乡邦东村昔归村民小组，时值9月下旬，正值秋茶时节。手工杀青过后的古树茶青叶在竹匾中稍加摊晾，而后手工揉捻。相较于春茶季的原料，秋茶季的原料中含水量较低，富有经验的茶农采取闷堆的方式加以弥补，从而使揉捻叶中的水分得以重新排布。闷堆时要注重方法与时间的掌控，恰到好处十分重要，过度会导致茶叶发酵。

普洱市澜沧县惠民镇景迈山，布朗族芒景大寨，时值3月下旬，夜色深沉，一家茶厂车间内，弥漫着茶的香味。大批量滚筒杀青后的生态茶杀青叶，被投入到盘式揉捻机中进行机械揉捻，复行用解块机打散。不管是手工揉捻还是机械揉捻，揉捻后茶条的松紧，全在于人的掌控。

干燥

自然条件下茶叶的存放，干燥是先决条件。农耕文明时代的人们爱物惜物，想尽办法使茶叶能够长期保存。干燥的方法来自生活的经验，天气好的时候，放在日光下晒干；遇到阴雨天

景迈山茶农用机械揉捻后解块

气，用柴火、木炭加热烘干。工业文明时代的人们尽享便利，各种烘干机成为人们的普遍选择。从农耕社会到工业社会，干燥方式反映出时代的特征。

杀青与干燥方式的不同，奠定了绿茶分类的基础：传统工艺中经蒸汽杀青、炭火烘干的绿茶名为蒸青绿茶；经锅炒杀青的绿茶，又依干燥方式的不同分为炒干、烘干与晒干三类，依次称为炒青、烘青与晒青绿茶。蒸青绿茶的名字来自杀青的方式，炒青、烘青与晒青绿茶的名字来自干燥的方式。云南出产的绿茶，蒸青、炒青与烘青采用的是高温杀青、高

温干燥的工艺，故名滇绿，追求的是新鲜自然；晒青绿茶采用的是中低温杀青、中低温日光干燥的工艺，故名滇青，既追求新茶的新鲜自然，亦追求老茶的越陈越香。

科学揭示了两类茶本质的不同：其一是酶的活性存留与否，其二是含水量的高低不同。高温杀青追求彻底杀死酶的活性，高温干燥后的含水量在 7% 以下，故而越新越好；中低温杀青保留了部分酶的活性，经日光干燥后含水量在 10% 以下，故而越陈越佳。

从农耕文明时代进入工业文明时代，绿茶中唯有晒青毛茶既承继了古老的日光干燥技艺又有所发展。热带、亚热带得天独厚的气候条件使得日光干燥得以长期延续，日光房的创设应用避免了短时间内气候波动的不利影响，烘干设施的

易武镇曼腊村日光干燥

使用彻底解决了后顾之忧。

西双版纳州勐腊县易武镇曼腊村，时值 3 月下旬，阳光炽热，正是晒茶的好时光。茶农家门口的场院中，一溜儿竹匾中都是正在晒的毛茶。看似粗枝大叶的晒青毛茶，实则很是金贵，似这般直接放在沙土地上来晒，并不是特别理想的做法，有时会导致由湿变干过程中的晒青毛茶沾染异味。不过随着人们对茶叶品质越来越看重，如今已很少采用这样的做法了。

易武镇麻黑村麻黑寨，时值 4 月下旬，农家小院的门口，花开得热烈。离地支好的晒青架上，竹匾中的毛茶已经快要晒干。晒茶最好选择在连续晴朗干燥的好天气，毛茶放在太阳下一天晒干，这种晒青毛茶有着最为美好的香味。

麻黑村落水洞，时值 3 月下旬，旱季中有时会遭逢阴天。对于茶农来讲，这样的天气连带人的心情都会变得阴郁。温

易武镇麻黑村麻黑寨日光干燥

度低、湿度大，院中晾青架上竹匾内的毛茶迟迟不干，甚至有了轻微发酵后黑毛茶的气息。抬头看看天，低头看看茶，茶农忍不住叹了一口气。

易武镇易武村高山寨，时值3月底，头天晚上揉捻好的青叶，在水筛上摊了厚厚一层，茶农有意无意间借鉴了红茶自然冷发酵的工艺，等待第二天将茶晒干。发酵度的控制，分寸感极强，轻微的发酵则无大碍，过则偏向于红茶的风格。

象明乡安乐村新发老寨，时值11月，秋茶季接近尾声。茶农用手轻抚竹匾中的毛茶，动作轻柔，宛如抚摸熟睡中的婴儿。相较于春季的毛茶，谷花茶的外形显得纤瘦，色泽也不若春茶般油润富有光泽。但对茶农来讲，都是一样辛苦付

易武镇麻黑村落水洞自然阴干

易武镇易武村高山寨自然冷发酵

出后的收获，值得认真对待。

　　安乐村秧林寨，时值 12 月，冬月的茶山，早晚凉意森然，只有正午的阳光晒在身上时，才让人感到暖意融融。年轻的茶农夫妻将加工好的老帕卡放在太阳下晒，这种水煮杀青、日光干燥的茶叶，有着近乎原始茶叶的粗犷风味。

　　勐海县格朗和乡南糯山半坡老寨，时值 3 月下旬，哈尼族茶农家中的日光房内，竹席上晒干的单株毛茶，每一棵的量都不多，各自占了一小块位置，一眼望去，色泽深浅各不

象明乡安乐村新发老寨日光干燥

安乐村秧林寨日光干燥老帕卡

相同。群体种的古树茶，单株采制各具特色，能够体现出最为纯粹的风格。

勐混镇贺开村曼迈老寨，时值4月初，往来茶山的人员络绎不绝。或许是不堪其扰，拉祜族的茶农在晒场边上竖了个提示牌：手有余香，请勿触摸，违者自己买单，每公斤5000元。更有茶农抱怨有些茶客随意抓取自家正在晒的毛茶。更过分的是有人直接将晒干的毛茶装了一兜，等茶农看到的时候，对方已经开车跑了。"都已经开上车了，还缺这点儿买茶的钱吗？"问这话的茶农满脸淳朴，眼神充满了迷茫与不解。

勐宋乡蚌龙村拉祜族保塘旧寨，时值11月下旬，秋茶季过后，茶农一家按照厂家的要求，将晒青毛茶装入编织袋后

南糯山半坡老寨日光干燥

放置在室内的架子上，地上火盆里燃烧的松木冒出浓重的白烟，呛得人眼泪都流了下来。早年间茶不值钱，农家制茶的条件因陋就简，毛茶大多沾染烟气。伴随茶价上升，茶叶初制条件改善，现在少有毛茶带烟味。有些人反倒怀念旧日的风味，美其名曰"烟香"。瞄准商机的厂家，着意加烟熏制晒青毛茶，竟成特色产品，亦有人追捧。

曼吕村拉祜族那卡寨，时值3月下旬，天气阴晴不定。守候多日的茶商，望着自己订购的亟需晒干的毛茶，面带焦灼，不时抬头看天。太阳甫一露头，他就急忙端起竹匾出去晒茶，然而他刚放下竹匾，阵雨就落下来，待他将竹匾端回屋内，天气复又放晴。几次三番下来，仿佛老天有意跟人作对，被折腾得疲惫不堪的他只好无奈地叹了口气。

普洱市澜沧县惠民镇景迈山，布朗族芒景大寨，时值4

月下旬，已近旱季的尾声，偶尔会下点儿阵雨。一家茶厂的日光房内，二楼铺设了木地板，上面铺有一层棉布，棉布上薄薄地撒了一层揉捻叶，等待着日光干燥。有了日光房，再也不怕突然降临的阵雨，晒茶也多了一层保障。

临沧市临翔区邦东乡邦东村，昔归村民小组就坐落在澜沧江边上。时值4月中旬，阳光房内正在晒茶。晚间时分，江面的水分遇冷凝结成雾气，晨起遇热上升，直到中午时分方才云开雾散。因地制宜，日光房中搁了炭盆，以便必要的时候及时加热。

勐宋山曼吕村那卡寨日光干燥

景迈山芒景大寨日光房

双江县勐库镇公弄村，拉祜族小户赛寨子位于高山上，时值4月中旬，艳阳高照，正是晒茶的好天气。无忧无虑的孩子们正在享受他们的童年时光，在晒场内穿梭嬉戏，累了便就地坐下歇息，脸上带着灿烂的笑容。浸染了茶香的生活，会成为他们难以磨灭的记忆。

昔归日光房

小户赛毛茶晒场里嬉戏的儿童

第四章

匠心制茶：熟茶发酵

读懂普洱茶

七彩云南的红土高原上，澜沧江两岸的原始森林里，古茶林星罗棋布。人类的先祖洞悉了自然的奥秘，郑重地向赖以为生的茶树许下无言的承诺，谆谆教诲子子孙孙世代遵行。千百年来，人与茶树之间相互依存。人们反复对蕴含自然奥秘的茶树进行温柔地试探，而作为草木之英的茶树，则不断给予人丰厚的馈赠。

外形朴拙的晒青毛茶呈现出普洱茶生命之初的勃勃生机，形态古意盎然的紧团茶蕴含着普洱茶古典时期的文化奥义，应时而生的熟茶，则彰显着普洱茶现代时期的发展趋势。

普洱熟茶自诞生以来，它的身世之谜，它的工艺之秘，仿佛是一个又一个谜题，吸引着爱茶的人们不断去探索、去追寻。

熟茶发酵的演进

普洱熟茶的诞生源于对老茶的模仿。自古以来，中国人的传统是饮用新茶。自明伊始，饮用老茶成为新的风尚。文人雅士的笔下留下了蔚为珍贵的记录，明代大理白族进士李元阳在《大理府志》中赞叹："感通茶，性味不减阳羡，藏之年久，味愈胜也。"民国时期《路南县志》中记宝洪茶"藏之愈久愈佳，回民最嗜"。

茶商的口述印证了老茶的来源，敬昌号老板、回族商人马桢祥回忆：抗战时期，行销国内的茶叶主要是新春茶，而行销越南等地的多是陈茶，有的茶甚至存放二三十年之久。陈茶最能解渴且能发散。

《云南省茶叶进出口公司志》记载了香港、澳门客商对普洱茶存在问题的反映：有的陈化不够，叶底泛青，有水气味或酸味，到港后一般要储存一段时间才能出售，增加了仓储费用，加大了成本，故不愿大量进货。

根据文人的记述和茶商的印证，可梳理出老茶发展的清晰脉络。饮茶之风经历数百年的演进，边疆少数民族饮用老茶的风尚逐步东渐，为我国港澳地区的同胞所接受。饮用老茶的风尚反溯产地，基于对老茶的模仿，普洱熟茶诞生。

普洱熟茶的诞生基于时间的催化。过往普遍以为普洱茶由生到熟，由新到陈，源于长途运输与经年的存放，仰仗时间的催化。1979 年 2 月 21 日至 27 日，云南省普洱茶出口加工座谈会通过了《云南省普洱茶制造工艺要求》（试行办法），其中记述：普洱茶是由茶叶中多酚类经过缓慢的后发酵的转化作用而逐渐形成独特的色香味，具有越陈越香的风格。在历史上这种茶的后发酵是在交通闭塞、长途储运的漫长岁月中形成的。昔日普洱茶从产地到销区要一年以上的运输时间，今天由于交通发达，只要几天或几个小时。因此，要保持普洱茶独特的色香味，就必须设法采用速成的发酵方法来进行制造。

此后，这种认识成为共识。云南省茶叶进出口公司、下关茶厂与勐海茶厂都采信了这种说法，并将其郑重其事地录入史志。

自古及今，绿茶始终牢固占据着中国茶的主流地位。古典茶文化时期，贡茶是绿茶的品质担当。现代茶文化时期，名优绿茶是绿茶的杰出代表。普洱贡茶也延续了绿茶的品鉴标准，无论是新色嫩绿可爱、味淡香如荷的散茶，还是坚重者为细品、清香独绝的紧团茶，追求的都是以新鲜自然为上的绿茶品质风格。普洱熟茶的风格则源于对红汤茶的追随。

放眼近代世界，红茶跃居首位并掌控了世界茶的版图。在英国，红茶迎合了文化心理，无论是色彩审美抑或是茶性包容方面都深受青睐。率先进入工业社会的英国，不仅将工业技术应用到红茶的加工领域，更在文化领域引领了工业文明时代红茶发展的世界潮流。

东西方之间，绿汤与红汤茶内在的品质风格与文化密码迥然相异。崇尚绿茶的中国，承继的是农耕时代茶文化的发展脉络。引领红茶潮流的英国，重塑了工业时代茶文化的基因。

当处于农耕文明阶段的中国与开启工业文明阶段的英国产生碰撞与交流，世界茶的地理、经济与文化版图被重塑。无论是青藏高原上的西藏，抑或是东南沿海的香港，都被卷入时代的潮流中。边销西藏的紧茶，行销香港的圆茶，茶的品质与风格的变化，成为大时代的小注脚。茶的命运，正是人与家国命运的现实写照。

红汤茶与绿汤茶品质风格的迥异，还有现实的条件限制与市场需求的考量。清代的普洱贡茶，拣选细嫩芽叶精工细造，沿着茶马古道千里迢迢限时送至京师，供清廷的贵族品味。进入民国，内销的依然是新春茶。延续至今，成为名山古树

7581 砖茶（六山贺开庄园普洱茶博物馆展品）

普洱生茶的风潮。而边销的紧茶，侨销的圆茶，原料的老嫩拼配，加工与贮存中有心或无意产生的发酵，都促使红汤茶逐步确立品质风格并占据市场地位。以今日科学的眼光视之，很难将红汤茶厘定为红茶或普洱熟茶。正是工艺上的不确定性赋予了普洱茶多元化的风格，以其无可辩驳的历史，为后世普洱熟茶做好了消费倾向、市场扩张及文化嬗变的铺垫。

普洱熟茶工艺的核心在于发酵。汤色给予人不同的色彩心理认知，农耕文明时代从自然中汲取经验，绿的寓意为生，红的寓意为熟。生茶与熟茶各自名称的确立，有着深厚的文化渊源。究其实质，则全在于初制、精制与贮存过程中发酵与

7572 饼茶（六山贺开庄园普洱茶博物馆展品）

销法沱（下关沱茶博物馆展品）

紧茶（下关沱茶博物馆展品）

读懂普洱茶

否。在这一点上，前人的记录给后人留下了宝贵的线索。

形似满月的圆茶，窝窝头形的沱茶与心形的紧茶都有红汤茶。民国时期的李拂一、范和均与谭方之等人，或通过亲身实践，或通过实地调研，为后人留下了紧茶发酵的记述。或在初制工艺环节发酵，或在精制工艺环节发酵，形成了独具特色的发酵工艺。新中国成立之后，下关茶厂改进了紧茶的发酵工艺，从传统的冷发酵工艺改进为蒸汽热发酵工艺，缩短了发酵时间，提升了效益与品质。勐海茶厂改进了侨销圆茶的加工技术，打破了雨季不能做茶的限制，加工出的圆茶保持了后发酵滋味醇厚的特点，迎合了消费者口味，加速

勐海茶厂

了产品出厂，满足了市场需求。

通过对传统经验加以总结，结合厂家自身生产实践及技术的引进与交流，至 20 世纪 70 年代，云南普洱熟茶的发酵

工艺得以初步确立。1979 年 2 月 21 日至 27 日云南省茶叶加工座谈会通过了《云南省普洱茶制造工艺要求》（试行办法），并在全省推行。

国家级非物质文化遗产·普洱茶制作技艺

普洱熟茶的加工工艺确立后，熟茶随即确立了其在普洱茶中无可辩驳的地位。自 20 世纪 70 年代起，在长达数十年的时间内，普洱茶即等同于普洱熟茶。2003 年，云南省发布实施的普洱茶地方标准，仍然只认可熟茶才是普洱茶。2004年，农业部发布实施的普洱茶行业标准，在承认熟茶属于普洱茶的基础上，将限定存储 10 年期以上的生茶列入普洱茶的范畴。2006 年，云南省发布实施的普洱茶地方标准，终于确立了生、熟普洱茶的分类，并将其全部纳入普洱茶的范畴。2008 年发布实施的普洱茶国家标准，同样认可了生、熟普洱茶的定义和分类。广东省茶文化研究会于 2019 年发布、2020年实施的团体标准《陈年普洱茶》，力图进行新的探索与实践，将储存时间超过 5 年，具备越陈越香品质特征的普洱茶，分为陈年普洱茶（生茶）、陈年普洱茶（熟茶）两大类。

现行的普洱茶标准中，确定晒青毛茶为普洱茶的原料，划分普洱茶为生茶、熟茶两大类型，并确认陈年普洱茶的地位。标准的演化显现出普洱茶的发展脉络。标准确立了普洱茶的定义与分类，为生茶与熟茶、新茶与陈茶确立了身份与归属，普洱茶产品结构趋向完善，奠定了普洱茶产业发展的基础。

熟茶发酵的原理

在熟茶的生命历程中，发酵师们年复一年经验的累积，科学家们日积月累的研究与总结，为的都是为世人呈现上好的熟茶。对原料的追寻，对工艺的锤炼，使普洱熟茶风味的流变从未停止。普洱熟茶，正在成为一种风味多样的普世饮茶风尚。

云南普洱熟茶以其卓尔不凡的品质征服了世界各地消费者的味蕾，究其品质优异的缘由，主要在于独特的环境气候、内质丰厚的大叶种晒青毛茶原料以及非凡的加工技艺。

位于西南边疆之地的"彩云之南"，得天独厚的气候条件，使得这里成为普洱茶的热土。地域广袤的云南大地，在行政区划上划分为 16 个州市，其中有 11 个州市都被列入地理标志产品普洱茶的原产地。依照其所处地理方位，滇中茶区涵盖大理州、楚雄州、玉溪市、昆明市，滇南茶区包括普洱市、西双版纳州、红河州、文山州，滇西茶区囊括保山市、德宏州、临沧市。

普洱茶产地属于热带、亚热带气候，这片红土高原上河流纵横，海拔落差大，具有立体气候的特征。四季区分不明显，干湿两季分明。每年11月至次年4月为干季，干季也称旱季，降雨量较少；5月至10月为雨季，雨量占全年的多数。雨量、湿度、光照、温度等诸项气候因素，都有益于茶树的生长与茶叶的加工。其中尤以滇西的临沧市、滇南的普洱市与西双版纳州拥有最为优异的原料资源。而大气候条件下亚气候条件的殊异，进一步塑造了过往年代昆明、大理、临沧、普洱与西双版纳各地出产的普洱茶各自独特的风味。

晒青毛茶里蕴藏着普洱熟茶品质高下的密码。

曾经的普洱熟茶，被视同为大宗茶。原料晒青毛茶依照千百年来区分绿茶的固有观念，以老嫩划分为五级十等。这种观念延续到了发酵出来的熟茶上，由细嫩原料制成的被视为高档熟茶，由老嫩适度的原料制成的被看作中档茶，由粗老原料制成的被归为低档茶。紧压成型的普洱熟茶饼、砖、沱，承继了以原料老嫩划分等级的做法，细嫩原料用来洒面，粗老原料作为心茶。在绿茶评判标准的影响之下，晒青毛茶也依照季节分为春茶、雨水茶（夏茶）与谷花茶（秋茶）。不同季节的原料发酵出的熟茶，理所应当地进行拼配。产于不同区域的原料发酵出的熟茶，同样进行跨区域拼配，从而使其保有统一的品质水准与风格特征。

茶被誉为绿色黄金，在普洱茶产区的地理版图上，每一座古茶山，都蕴藏着无尽的绿色宝藏。滇西临沧市的冰岛、昔归，滇南普洱市的邦崴、困鹿山、景迈山，滇南西双版纳州的攸乐、莽枝、革登、倚邦、蛮砖、易武、勐宋、南糯、帕沙、布朗、巴达与贺开等诸多古茶山，因其在普洱茶名山中声名显赫，尽享普洱茶的无上风光。

如今的普洱熟茶，正在蜕变为名优茶。原料晒青毛茶的老嫩，不再是其划分等级高下的首要依据，而原料是否来源于古树，成为判定品质高下的新标准。按季节来划分的标准依旧，春茶原料成为熟茶发酵的首选。原料区域风格彰显，名山古树熟茶成为新风尚。

传统观念与现代观念的碰撞，迸发出智慧的火花。在普洱熟茶原料晒青毛茶的选取方面，原料的老嫩、产季与产地、纯料与拼配，成为各家争论与实践的关键点。也因这些原料选取与加工工艺方面的差异，形成了普洱熟茶丰富多变的品质风格。

普洱熟茶的发酵是在自然状态下进行的。从无意中的发现到有意识的总结，发酵工艺被应用到加工过程中。对传统工艺不断革新，并引进吸收外来的经验技术，直到20世纪70年代，现代意义上的云南普洱熟茶工艺才得以初步确立。囿于条件，初期的云南普洱熟茶发酵工艺有着各种不尽如人意的地方，生产方式落后，严重依赖人工，全凭经验办事，工艺缺乏科学性等。知不足而思进取，经由科研攻关，至20世纪80年代中期，普洱熟茶发酵工艺及改革的实验项目获得成功，荣膺云南省科技进步二等奖，为普洱茶发酵工艺奠定

普洱茶专家白文祥先生（左四）

普洱茶专家何仕华先生（右一）

普洱茶专家林兴云先生（左三）

普洱茶专家苏芳华先生（左五）

了坚实的科技基础。普洱熟茶的发酵工艺曾经长期为国营厂家所掌握，并列入技术保密的项目。20世纪90年代以后，私营经济进入普洱茶的生产领域，在国有经济、私营经济共同发展的进程中，各家普洱茶企不断投身普洱熟茶发酵工艺的探索实践，普洱熟茶的发酵工艺得以不断完善与迭代升级。而今，普洱熟茶的发酵工艺呈现出百花齐放、百家争鸣的兴盛局面。

科学研究的不断深入，逐步揭开了笼罩在普洱熟茶发酵工艺上的神秘面纱。普洱熟茶的发酵源于湿热环境的作用、酶的作用与微生物的作用，从而形成了普洱熟茶的品质特征。

在孕育了众多生命形态的地球上，微生物远比人类有着更为悠久的历史。微生物恰如其名，是肉眼看不到的微小个体。但它的代谢强度远超过植物、动物数万倍、数十万倍，更兼其分布广泛，可说是无处不在，很早就参与到多种营养丰富的美味食品的加工过程中，给人类带来饮食上的丰富体验。

从茶园到茶杯，微生物与普洱茶相生相伴。茶园的空气与环境中的微生物经由自然的选择、竞争和稳定，参与塑造了茶叶的区域风味。常年经验的总结与细致入微的观察和品味，使人能够分辨出其细微的风味差异。从过往到现代，伴随环境的改变，微生物群落亦在不断地变化。微生物参与塑造了不同时期的茶叶风味，也给未来茶的风味变化留下了无限的空间。

从原料的初制到熟茶发酵，酶都扮演了一种不可或缺的角色。原料初制工艺中的中低温杀青，钝化了部分酶的活性，同时也保留了部分酶的活性。在干燥工序中，阳光优选了酶的菌种。熟茶发酵的过程中，借助外生和内生的两种作用，酶的活性被再次唤醒。科学研究证实：酶对普洱茶发酵中形成的特殊工艺香气提供了有力的支持。

水和温度是微生物活跃的条件，两者合力促使微生物、酶起到发酵的作用，并在湿热的条件下完善了发酵的功能，促使茶形成汤色，增进了茶汤的风味。

熟茶发酵的工序

环境气候是先天所赐，原料毛茶是基础条件，发酵工序是核心要领。云南省外的广东、香港等地，域外的泰国，都有过普洱熟茶发酵的相关记录。云南省外的四川等地和域外的越南等国所出产的各色毛茶，都曾被作为原料经过发酵制成普洱茶。20世纪70年代，现代意义上的云南普洱熟茶诞生，经过数十年的发展，已经确立了无可撼动的主体地位。云南普洱茶产地的优越气候，加上品质优异的大叶种晒青毛茶和反复锤炼出的精绝发酵技艺，使云南普洱熟茶具备了上述天时、地利、人和三大因素，从而征服了品鉴者的味蕾，赢得了消费者的欢心。

云南省内，昆明、大理、临沧、普洱与西双版纳等地，都曾经在云南普洱熟茶的历史上各领风骚，出产的熟茶有着各自独特的地域风味，并有各自忠实的拥趸。

备料发酵

普洱熟茶的发酵，首要的是原料准备。备料的要领主要包括区分原料的产区、季节与等级，依据生产计划作出周详的准备。各大产区普洱熟茶厂家的发酵工序，只有细节的区分，并无本质的不同。传统的发酵工序追求的是生产出适饮的大宗茶，现代的发酵工序追求的是生产出优质的名优茶。

滇南西双版纳州勐海县，是举世公认的普洱茶第一县。众多的普洱茶企云集勐海，投身于普洱熟茶发酵事业。他们笃信这里有着得天独厚的自然气候条件，来自普洱茶地理版图上任何区域的晒青毛茶，在这里发酵出的熟茶都将神奇般地产生"勐海味"。

适逢雨季结束旱季来临，迎来一年当中熟茶发酵的最好时段。勐海县八公里工业园区内的益木堂发酵车间，当天即将开始新一轮的熟茶发酵。此次用来发酵的晒青毛茶，是源于名山的古树春茶原料，品质上乘的古树晒青毛茶决定了熟茶的品质基础。扦取茶样，干评外形。干茶色泽灰白、墨绿、黄褐相间，条形不若往年粗大、肥壮，节间较长，春茶季节遭逢干旱，给晒青毛茶外形打下了深深的烙印。开水冲泡，汤色杏黄，清澈透亮。从春季至秋季，经过半年的贮藏，原料已经有了轻微的转化。汤色由绿至黄的转变，隐藏着物候的奥秘。芬芳诱人的香气，彰显了原料不凡的出身。入口滋味醇厚，苦显涩弱，回甘强劲持久。叶底柔软，持嫩性强。品质高贵的原料，隐含着发酵师的

原料晒青毛茶·干茶

原料晒青毛茶·汤色

原料晒青毛茶·叶底

殷殷期盼。

下料

下料

发酵车间内，制茶工程师王子富将工作安排得井井有条，一切准备就绪。经由不断的技术迭代，木板发酵代表了技术的升级。下料、翻拌、洒水、码堆，发酵开始阶段的每个步骤，看似简单却不可或缺，为的是水分均匀分布，堆高大小科学合理。每个工序的细致到位与否，关乎发酵出来的熟茶品质。

下料环节，发酵师傅们将一袋袋毛茶原料倾倒在木板上。看似简单的动作，既耗费体力，又考验技巧。毛茶中含有的茶毫、伴生的茶灰云雾般腾起。发酵师傅们头上戴的帽子，脸上戴的口罩，既可保障卫生，又起到防护口鼻的作用。饶是如此，亦难完全免受侵袭，颇为遭罪。一袋又一袋的毛茶，从张开口的编织袋中倾泻而出，准确无误地被投放到指定的位置。一气呵成的纯熟动作，则要归功于长年累月经验的累积，展现出纯熟的技巧，彰显出力量之美。

下料完成后，梯形的毛茶堆雏形初现。接下来是翻拌、洒水环节，有人翻茶，有人洒水。耙子、木锨、铁锨等物件纷纷派上用场，全都是翻茶时趁手的用具。洁净、甘甜的深井水从电动小马达驱动的水枪中喷涌而出，花雨般均匀洒落在毛茶上。发酵师傅

翻拌洒水均匀

们相互配合，耙子翻茶，木锨铲茶，一垄一垄地翻拌、洒水，毛茶翻拌到位，水要喷洒均匀。水表准确记录着水枪喷洒的水量，茶与水的比例需要恰到好处。唯此，才能保障发酵顺利进行。

码堆

补水

　　毛茶翻拌、洒水过后是码堆、补水环节。晒青毛茶浸过水后吃重，发酵师傅们复用钉耙翻拌、水枪补水、铁锨码堆，更为费力。长年累月经受着体力与经验的双重考验，唯有正值青壮年的男劳力胜任得了这种艰辛的工作。时值雨季、旱季交替之际，地处亚热带的勐海，气候变幻莫测。从午间至傍晚，时而烈日当空，时而阴云密布，时而阵雨纷纷。发

酵车间内，伴随着晴雨变幻，光线时明时暗，却丝毫不曾影响到发酵师傅们辛勤地劳作。正是无数默默无闻工匠们的辛苦付出，使得晒青毛茶不断地发生蜕变。经历翻拌、补水后码起的茶堆，呈现出规整的梯形。恰在此时，雨过天晴，一缕阳光透过窗户洒在茶堆上，茶堆闪现出黄金般耀眼的色彩。用来盛装晒青毛茶的尼龙袋再次派上了用场，被转圈铺在了茶堆的表面，上面再盖上一层专门购置的棉布。历经多次的发酵，棉布的表面浸染了茶汁，斑斓的色泽是熟茶发酵过程中留下的印迹。师傅们关上门窗后悄然离开，静置的茶堆无声无息地开启了发酵的历程。

渥堆发酵

从原料、加工到储藏阶段，普洱熟茶的发酵贯穿始终，核心在于发酵工序，名为固体发酵。微生物的作用、酶的作用、湿热的作用，共同构成了发酵的机理，重中之重在于微生物。丰富多样且又独特的微生物是大自然给予普洱茶最大的馈赠。科学研究探明了发酵的机理，经验的积累提升了发酵技艺。

渥堆发酵

每道发酵工序，都由细节决定成败。

渥堆发酵的过程中，作为介质的水有着极为重要的作用。既往年代，在昆明、大理、临沧、普洱与西双版纳等地发酵出的熟茶，有着各自不同的风味，水在其中起到了不可或缺的作用。西双版纳州勐海县，不仅是举世公认的普洱茶第一县，更是冠绝于世的熟茶发酵圣地。勐海县城南边曼贺村大佛寺旁的千年大青树下，有勐海第一圣泉，泉水清冽甘甜，为世居当地的百姓的日常饮用水源。为保护泉水清洁，井上建有帕沙塔，备有长把的舀水勺，供人打水。相距不远处便是勐海茶厂，进入厂区大门，迎面映入眼帘的是一个石牌坊，上书"一源井"。一源井由石栏杆环绕，是一口六角井，井上加有井盖护其清洁。井后有照壁，书题有《一源井记》述其周详。

勐海第一圣泉

勐海茶厂一源井

勐海茶厂一源井

勐海县八公里工业园区内云集了数量颇多的普洱茶企，它们竞相在此设立发酵车间，发酵师们笃信勐海的水能赋予熟茶独特的风味。

渥堆发酵有着不同的方式与追求，传统大堆落地发酵技艺是工业化思维的产物，大堆落地发酵追求的是效率与品质的稳定。现代的发酵技艺是食品加工工艺提升的结果，小堆离地发酵追求的是品质的提升。堆大、堆小主要在于经济的考量，落地、离地缘于卫生观念的变化。

渥堆发酵由静态的渥堆与动态的翻堆构成，实质在于将发酵所需的温度、湿度控制在理想的状态。渥堆发酵的过程中，堆温逐步升高，在40℃~65℃之间，保持微生物的活跃，湿热氧化的顺利进行。堆温过高，会导致茶叶炭化，俗称"烧堆"，茶叶叶底硬化不舒展、味淡、汤色暗。堆温过低，多酚类氧化不足，茶叶香气粗青，滋味苦涩，汤色黄绿，达不到熟茶的品质要求。

时值11月上旬，旱季已经来临。勐海县八公里工业园区益木堂发酵车间，自月初开启的发酵，需要发酵师日常的精心

益木堂总工王子富检查发酵温度

照料。梯形的发酵堆四角插入温度计，以便进行实时的观察。自茶堆码放好后，堆温开始逐步上升。一周过后迎来首次翻堆。制茶工程师王子富早早做好了安排，上午的时候，两个工人开启了

当天的工作。两人既分工又合作，多年来搭班工作使他们配合默契，熟练高效。一人抡起耙子翻开茶堆，一人手持木把铁锹翻拌。一翻时茶堆板结度有限，尚且用不上解块机，间或捡起板结的

翻堆

大块，便顺手将其搓散。百年桂花木铺就的木板仓，留出足够的空间，方便翻堆师傅们操作。翻堆十分讲究技巧，把下面的茶翻到上面，边上的茶翻到中心，竭尽所能使茶发酵均匀。常年劳作练就出强健的体魄与纯熟的劳动技巧，两位工人师傅花了一个多小时的时间就将茶堆彻底翻了一遍。翻堆的收尾，再次开始码堆，木耙、铝板锹轻巧适用，围着茶堆转圈修边，整饰出整齐美观的梯形，堆面斜坡光滑平整，就连边线都横平竖直——工人师傅心中有着朴素的美学观念。制茶工程师王子富与两位工人师傅一起动手，将专门定制的棉布覆盖在茶堆上，使茶堆恢复到静态的渥堆发酵中。

王子富带了个茶样盘，从茶堆的四角及中心部位扦取茶样，用摇盘充分混合后带回茶室冲泡验看。短短数日的时间，一翻后的茶叶与原料已经大不相同。干茶的芽头金黄，茶条的色泽趋向褐变，茶条上覆盖着一层白色的霉菌。沸水冲泡后，茶汤的色泽已经转变为黄红。嗅其香气，原料晒青毛茶的香味隐约可辨，发酵产生的菌香显现。入口品其味，微带毛茶的生

一翻后扦样审评·外形

一翻后扦样审评·汤色

一翻后扦样审评·叶底

涩，菌味凸显，尚有淡淡的甜味。叶底由黄绿转向棕褐色，且富有柔嫩性。为了检视发酵的程度与质量，发酵师们都曾无数次地亲身试茶，通过感官品评的结果来审视调整发酵的工序与技艺，以期生产出合乎品质要求的理想熟茶。

一周过后，一翻后的茶堆再次到了临界点，迎来了第二次翻堆的工序。相比首次翻堆，发酵堆明显变小，茶堆出现明显的板结，二次翻堆有了解块的工序。王子富安排了三个工人师傅来翻

解块打散

堆，带轮子的解块机被拖近发酵堆，一人抡起钉耙将茶堆往解块机前面侧翻，一人持锹铲起翻开的茶投入解块机，解块机中高速旋转的齿轮将茶块打散，另一人将打散后的茶再次码堆。翻堆、解块、码堆后，茶堆重又恢复到蓬松的状态。经年累月从事发酵的工人师傅养成了深入骨髓的良好习惯，码好的茶堆整整齐齐，既利于发酵的顺利进行，又有美观的形态。最后再将发酵布覆盖在茶堆上，静待发酵的继续进行。

王子富则再次扦取茶样带回厂里的茶室冲泡审验。二翻后的茶条，茶芽泛黄，茶条呈黑褐色，表面仍有白色的霉菌。沸水冲泡后，茶汤色泽趋向红浓，汤边显金圈。嗅其香，茶香隐而菌香显。品其味，整个口腔中充盈的都是浓郁的菌香。查看叶底，红梗显，叶底多呈黄褐色，间杂有少许绿色。

二翻后扦样审评·外形

二翻后扦样审评·汤色

二翻后扦样审评·叶底

再度间隔一周，二翻过后的发酵堆又将面临再次翻堆。因为持续的发酵，茶堆逐渐变小，表面茶板结的情况愈加明显。王子富胸有成竹，上午先安排了一位工人师傅揭开覆盖

益木堂总工王子富检视发酵程度

在茶堆上的布，拎起钉耙，将茶堆表面及四周的板块耙开，复用铁锨将其铲至堆上，再将发酵布覆盖在茶堆上。貌似简单的做法，隐含着长期实践得来的经验，利用茶堆的热量将板结的茶块蒸软，既便于解块，又减少碎末，一举两得。

翻堆

　　下午时分，四位工人师傅再次到达发酵车间，开始分工合作翻堆。由于发酵进程的延长，茶堆中的水分减少，工人师傅提前在木板发酵仓的四周张起发酵布以作围挡，防止打散时茶块飞出落地。抡起钉耙翻茶，抄起铁锨铲茶，投入解块机打散。总有茶块从解块机中弹射而出，被提前布置好的围挡拦截后落在木仓上。翻堆完毕，清理解块机。重又码堆，盖上发酵布。每次翻堆过后，发酵堆都恢复至梯形。

　　三翻过后，继续扦取茶样，带回茶室查验审看。干看外形，

细嫩的茶芽色泽转向黄红色，茶条呈现黑褐色。沸水冲泡后，汤色愈显红浓，仍带金圈。嗅其香，菌味趋淡而醇味渐显。品其味，熟茶味初显。验看叶底，色泽趋向红润，间杂少许黄绿茶条。

三翻后扦样审评·外形

三翻后扦样审评·汤色

三翻后扦样审评·叶底

11月底，与三翻相隔不足一周，再次进行了第四次翻堆。发酵堆上覆盖了一层厚布，复又加盖了一层尼龙袋。从盛装原料晒青毛茶到覆盖茶堆，每个寻常的物件都是茶师的工具，就如同这再寻常不过的尼龙袋，总有派上用场的时候。翻堆间隔的时间并不固定，视发酵程度的深浅与发酵的情况而定。工匠们经过长期经验的积累，锤炼出精绝的技艺，汇就八个字：看天做茶，看茶做茶。这几乎是所有茶师共同认可的制茶要诀，细节的把控非躬身实践不足以领略其中的精妙之处。

渥堆发酵

　　四翻后扦取茶样冲泡审评，干看外形，茶条稍松尚紧，干茶色呈棕红、黑褐，稍显毫。汤色红亮。香气柔和，带甜酒香、木香。滋味醇和略厚，入口显水味，茶味较薄。叶底深青褐色，显棕红。

四翻后扦样审评·外形

四翻后扦样审评·汤色

四翻后扦样审评·叶底

数日之后，于 12 月初进行第五次翻堆。上工之前，制茶工程师王子富仔细审看发酵的情况，而后安排两个工人师傅开始翻堆。一人拎起钉耙将茶堆刨开，另一人持锨将茶翻拌码堆。随着翻堆的进行，发酵堆中蒸腾起热气，两位工人师傅的身形若隐若现。此番不需要再行专门的解块，两位师傅时而会放下手中的工具，顺手捡起板结的茶块将其搓散。短短一个小时的时间，茶堆就被里里外外重新翻了个遍，重又恢复成梯形。不再覆盖发酵布，而是任其堆放静置，至此发酵已近后半程。

翻堆

渥堆发酵

五翻后扦取茶样审评检视，干茶的外形紧结，条索粗壮，色泽趋向棕褐红润。沸水冲泡，观其色，茶汤色泽红浓。嗅其香，香气纯正，显甜香。品其味，滋味渐趋醇厚。看叶底，色呈棕红略带青褐，叶底厚实，富于弹性。

五翻后扦样审评·外形

五翻后扦样审评·汤色

五翻后扦样审评·叶底

五翻过后的次日，紧接着进行第六次翻堆。茶堆尚处蓬松的状态，一个工人师傅就可胜任翻堆的工作。翻堆步骤依然如故，拎起耙子刨开茶堆，而后用锨将其翻拌码放。常年的工作，使工人师傅已经养成了良好的习惯，见有茶块即捡起搓散。躬身劳作的师傅深知茶得来不易，十分珍视自己的劳动成果。码放整齐的梯形茶堆，静置在木板仓上，即将完成渥堆发酵的工序。

益木堂总工王子富检视发酵程度

翻堆

六翻后扦取茶样检验审评，干茶条索紧结，呈褐红色，显金毫，沸水冲泡之后，汤色红艳，滋味醇厚，后味微酸稍涩，叶底呈深棕红色。

六翻后扦样审评·外形

六翻后扦样审评·汤色

六翻后扦样审评·叶底

六翻过后的次日，渥堆发酵完成，迎来开沟。仍然只有一位工人师傅来操持，用耙子将茶堆刨开，用铁锹将茶码成起伏的沟谷状，纵向铺满整个木板茶仓，打开发酵车间的窗户以便通风散热。第二日再次开沟，由纵向改为横向，以便均匀降温、散发水汽。

开沟

开沟

第四章　匠心制茶：熟茶发酵

开沟后扦取茶样审评检验，干茶条索粗壮，呈黑褐色，芽头红润显毫，沸水冲泡之后，汤色红艳明亮，滋味醇厚甘滑，略带水汽，酵香凸显，叶底红褐油润。

开沟后扦样审评·外形

开沟后扦样审评·汤色

开沟后扦样审评·叶底

反复开沟后，水分含量降至 14% 以下，木板发酵仓上的茶转移场地静养。养堆时间长短取决于厂家，既有品质的诉求，亦有经济的考量。历经 40 多天完成发酵的茶，于制茶师来讲只是陈化的开始，未来将交付给岁月。时间是最好的评判者，最终会给出公正的答案。

笑傲传奇之班章·熟茶

笑傲传奇之班章·外形

笑傲传奇之班章·汤色

笑傲传奇之班章·叶底

第五章

匠心制茶：精制工艺

采自茶树枝头的新梢，历经初制工艺成为晒青毛茶。传统普洱茶文化时期，即有散茶形态的普洱茶，名为芽茶、蕊茶。现代普洱茶文化时期，初制后的散茶被归类为晒青绿茶，亦有春芽、春蕊、春尖等品类。

而今，在科学的主导与标准的指引下，晒青毛茶被视为普洱茶的原料。晒青毛茶经过精制工艺紧压成型后，方能确立其普洱生茶的身份与属性，归类为绿茶紧压茶。而经由渥堆发酵制成的普洱熟茶，再历经精制工艺，或制成散茶形态的普洱熟茶，或进一步紧压成型成为普洱熟茶紧压茶，确立其黑茶紧压茶的身份与属性。

从农耕文明时代到工业文明时代，原料好、初制工艺水平高的名山古树茶，毛茶已现优异品质，复经精制，追求精益求精，从封建王朝的贡茶到现代的名优茶，向来都是普洱茶品质与声誉的担当。无论是过往还是当下，内销、边销或者是外销的大宗茶，原料普通，工艺一般，经由精制后品质大幅提升。

拣剔

拣剔是为了拣选区分等级，剔除茶类、非茶类的夹杂物，这是初制后的晒青毛茶与渥堆发酵后的熟茶最为紧要的工序。

西双版纳州勐腊县易武镇易武老街，11 月中旬，谷花茶季行将结束，老茶号的门口，茶农正在挑拣毛茶。有清一代，普洱号级茶庄掌控了普洱茶的加工工艺，作为号级茶庄重镇的易武长期执普洱茶加工工艺之牛耳。清代文献中记述有拣

易武镇易武老街茶农挑茶

茶的工序，粗老的叶片被称为"金月天"，紧卷的茶叶被称为"疙瘩茶"。眼前的一幕，恍似历史场景再现。以茶为业，以茶为生的人们，世世代代操持做茶的活计，技艺得以延续，文化得以传承。

象明乡曼庄村曼庄大寨茶农挑茶

勐腊县象明乡曼庄村曼庄大寨，时近清明，头春茶季即将结束，彝族茶农家的姑娘正在挑拣毛茶。挑茶需要的是细致与耐心，正好是展现女性优势的工作。将粗老的黄片单独挑出加工，自古及今，向来有人喜欢这种茶。其他茶类、非茶类夹杂物均属无用，拣出抛弃。无数次重复的动作，日复一日、年复一年的辛苦劳作，为的是能有更好的收益。

同属象明乡的曼林村曼林村民小组，临近清明，年迈的彝族阿婆忙着挑茶，儿子蹲在一边呼噜呼噜地抽着水烟。年轻力壮的男性主要负责炒茶，家中的女性承担起挑茶的工作。从早到晚，除了吃饭休息外的几乎所有时间，阿婆都不曾停下手中的活计。年迈的老人家经历过以往的困顿时光，倍加珍视当下因茶而富的好生活，帮忙做些力所能及的事，为的都是一家人的好生活。

象明乡曼林村彝族阿婆挑茶

　　景洪市基诺山乡新司土村亚诺村民小组，时近 3 月底，基诺族的茶农围坐在自家的院中挑茶。地处攸乐山上古茶园最集中的寨子，因为近年来普洱茶热销，苦了千百年的基诺族茶农总算是迎来了好生活。中午犹若盛夏，早晚却似秋天。一位基诺族茶农戴了顶孩童式样的牛角帽保暖，蓦然回头面对镜头露出灿烂的笑容，满脸都是幸福的模样。

基诺山乡新司土村亚诺茶农挑茶

布朗山乡班章村老曼峨茶农挑茶

　　勐海县布朗山乡班章村老曼峨寨子，泼水节过后，时近春茶尾声，一位年轻的布朗族茶农妈妈正在自家门口房檐下挑茶，年幼的女儿依偎在妈妈的身边，一脸呆萌地看着外来的人，妈妈笑意盈盈地看着女儿，满心满眼的恬静与满足。

名山古树茶热潮的兴起，带富了深山更深处的布朗族村寨，短短几年的时间，整个老曼峨寨子面貌一新，寨子里新建的楼房鳞次栉比，多少还保留有布朗族的文化元素。11月初，时值谷花茶季节，一位布朗族婆婆在自家门前席地而坐，正忙着挑茶。老人家看到相机后，将双手交叉在胸前，脸上绽放出璀璨的笑容。这个古老的茶山民族，依然保留着传统的民俗民风，满心欢喜地迎接远方的来客。

勐混镇贺开村班盆新寨村民小组，时值谷雨，春茶季行将结束，拉祜族茶农家年轻俊俏的小媳妇正在挑茶。夫妇二人分工明确，丈夫负责炒茶、招待客户，媳妇负责挑茶、操持家务。世代赖茶为生的拉祜族，属于云南的茶山民族之一。年轻一代的拉祜族茶农赶上了普洱茶的热潮，正努力融入新的时代。

普洱市澜沧县惠民镇景迈山芒景大寨，时值清明，布朗族的小姑娘帮着妈妈挑茶。面对外来人好奇的探询，腼腆的小姑娘停下手中的活计，有点手足无措，又有点害羞，轻轻地咬住自己的下嘴唇，目光清澈，眼神纯真。

临沧市双江县勐库镇冰岛村冰岛老寨，时近傣历的泼水节，茶农老奶奶带着孙子、孙女正在挑茶。孩童的时光无忧无虑，小姐姐捏起一根毛茶往弟弟嘴里边塞边说：“吃吧！吃吧！”幼小的孩子尚不懂得当下甜美的生活就源于这手中的茶。当她的眼光无意中瞥向相机镜头，害羞得用双手抱头嘻

老曼峨布朗族阿婆挑茶

贺开村班盆新寨拉祜族茶农挑茶

景迈山芒景大寨挑茶的小姑娘

冰岛村冰岛老寨边挑茶边嬉戏的孩子

嘻地笑了起来，继而伸出小手继续挑茶，并若有所思地转头看向外来的陌生人。一片小小的茶叶，拉近了山里山外人的距离，促进了人与人之间的交往，共同迎接新时代的来临。

临翔区邦东乡邦东村昔归村民小组，村民的初制所就建盖在澜沧江边上，傣历泼水节日渐临近，茶农仍然忙着挑茶。手中握着一双崭新的筷子，挑拣出黄片，提出其他茶类、非茶类夹杂物，时而用簸箕扬弃碎末。他们拣选区分出老、嫩茶叶，舍弃无用的夹杂物。工序枯燥乏味，干活的茶农依然认真对待。看似轻飘的小茶叶，寄托着茶农深沉的期望，每一分收获都来之不易。

邦东村昔归茶农挑茶

中茶六山公司凤庆茶厂，精制车间内，工人师傅排成一行，三两对坐挑茶忙。从农户家收购的毛茶，抑或是自家初制所加工的毛茶，进入茶厂之后，都将复行拣剔。为了食品卫生安全起见，制茶的每个步骤都须精益求精地对待。增加的每道工序，都将耗费人力物力，但却增加了卫生防线的安全系数。拣出的黄片及其他夹杂物被分别归置处理。

中茶六山凤庆茶厂车间员工挑茶

澜沧古茶公司的厂房内，工人师傅全副武装，身穿工装，戴着帽子、口罩，胳膊上套着罩袖，腰里系着围裙，正自挑茶忙。厂房和设备已显老旧，就连挑茶用的木盘都显现出年深日久的岁月痕迹。时代在变，普洱茶的行情也在起伏变化，不变的是对制茶工序的严格要求。

益木堂车间工人挑茶

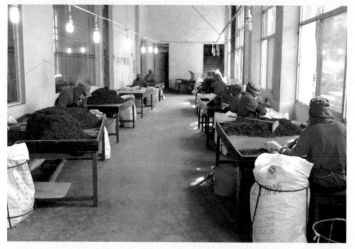

澜沧古茶车间工人挑茶

勐海县益木堂茶厂拣剔车间，每位挑茶的工人师傅都在工装外加穿了罩衣，戴上帽子、口罩，既清洁、卫生，又益于自身防护。木盘上堆放的是晒青毛茶，即便是如今有了各种筛选机，依然无法完全取代人工。灵巧的双手，小鸡啄米般的细致动作，须得体力、眼力俱佳，熟练度足够，才能胜任这项工作。在严格的要求下，长期的劳作经验，使每位师傅都成了挑茶的好手。

拼配

自古及今，加工普洱茶向有两种追求：其一是追求纯料，但求最好，或者是极致的风格；其二是崇尚拼配，追求品质的稳定，或者是风格的均衡。

纯料茶，向以名山古树茶为引领，既往多集中在普洱生茶的品类，而今纯料熟茶异军突起，成为新的风潮。拼配茶，曾经被称为改造茶，问世之初，曾经饱受争议。而后逐渐为市场接受。过往年代，无论生熟普洱茶饼，凡属大宗茶，无不以拼配为主流。而今，高端拼配成为生熟普洱茶领域的新风尚。

六大茶山公司勐海茶厂，生产车间内，工人师傅正在进行拼配。六山公司董事长阮殿蓉女士，曾经出任国营勐海茶厂厂长，她见证了普洱茶进入大工业化生产领域的重要历程。大工业生产中，普洱茶作为一种商品，追求的是生产效率的提高与品质的稳定。阮总非常感念在勐海茶厂的经历，曾经喟叹："如果几家大企业都能坚持共同出产生熟各一款口粮

六大茶山公司勐海茶厂拼配

澜沧古茶公司拼配

级普洱茶，长期推广必有广阔的市场空间。"然而伴随各大国营厂相继改制，各茶厂共同遵循同样的产品规格与品质要求的时代一去不复返。面对名山古树茶市场的风起云涌，阮总极力倡导高端拼配的理念。六大茶山公司勐海茶厂积极践行高端品牌的理念，力求生产出品质优异、风格稳定的高端拼配生熟普洱茶。

澜沧古茶公司生产车间，工人师傅正在进行拼配。这家由原地方国营茶厂改制重组的茶厂，向以景迈山原料为主打产品，无论生熟普洱茶都有着鲜明的产地风格。近年来，也在不断投身拼配风格普洱茶的加工，向着高端领域不断发起冲击，力求打出一片新天地。

紧压

初制后的晒青毛茶，以及渥堆发酵后的普洱熟茶，呈现的都是松抛的散茶形态。传统的普洱茶紧压工艺，纷纷入列非物质文化遗产保护项目。机械化压制普洱茶的技艺，将人从繁重的体力劳动中解脱出来，极大地提升了生产效率。紧压的初心或许只是为了压缩体积方便运输，却有着出人意料的功效，并承载了厚重的文化意蕴。

有清一代，贡茶向为普洱茶声誉与品质的担当。上贡清廷的八色贡茶，有紧团茶五种，五斤重的大普茶，三斤重的中普茶，一斤重的小普茶，四两重的女儿茶与一两五钱重的蕊珠茶。五种紧团茶重量有别，形态相若。如今，普洱市博物馆中仍然陈列有来自故宫博物院的紧团茶实物，从故乡到远方，复又回归，见证了时代的变迁，承载了时间的重量。

国家级非物质文化遗产·普洱贡茶制作技艺

从民间到庙堂，随着清朝的覆亡，普洱贡茶成为绝响。现今普洱市下辖的宁洱县，曾经是清代普洱府治的所在地。如今普洱茶再度大行于世，普洱茶文化也随之大热，使普洱贡茶制作技艺重现于世。2008年，普洱贡茶制作技艺入列国家级非物质

普洱贡茶制作技艺传承人李兴昌先生

文化遗产保护名录。2014年，普洱茶贡茶制作技艺第八代传人李兴昌先生当选云南省级非物质文化遗产传承人。如今，在宁洱县普洱贡茶制作技艺传习所内，李兴昌先生延续古老的传统，带徒授艺，言传身教，继续传承贡茶制作技艺。

普洱市下辖的景谷县景谷镇是团茶的发源地，这种茶在民间亦被称为姑娘茶。2017年，团茶制作技艺入列云南省级非物质文化遗产。滇西临沧市临翔区邦东乡邦东村昔归村民小组位于澜沧江畔，曾经入选云南省级非物质文化遗产团茶制作技艺传承人的阮仕林先生，近年来不知何故退出了代表

云南省级非物质文化遗产团茶制作技艺

姑娘团茶（下关沱茶博物馆展品）

性传承人名录，但他依然延续祖辈传下来的手艺制作团茶。位列云南省级团茶制作技艺代表性传承人的尚有昔归茶叶协会会长苏其良先生。从民间的传承到官方的认可，不变的是代代传承的团茶制作技艺。

民间贩售的姑娘茶，与上贡宫廷的女儿茶一脉同源。与临沧市同属滇西区域的大理州，下关沱茶博物馆里，展柜里专门展示了一个姑娘团茶的复制品，它是沱茶的原型。如今，下关沱茶技艺已经入列国家级非物质文化遗产的保护名录，在下关沱茶博物馆内专门辟有场地，供下关沱茶非物质文化遗产制作技艺代表性传承人李家兴先生展示传统沱茶的压制技艺。分别称取好细嫩的盖茶与粗老的里茶，投入铁桶中用热蒸汽蒸制变软，然后投入布袋，李家兴先生手工将其揉制成窝窝头的形态，接下来放入压茶凳上的模具内，利用杠杆原理压制成型，晾干后包装即告完成。紧邻下关沱茶博物馆的就是下关茶厂的车间，大批量压制成型的沱茶都是人工操作机械来完成的。车间内分组不同，还有专门负责压制心形紧茶的小组，全部都是利用的机械压制成型，已经看不到传统手工压制工艺了，成品形态果如其名，精致美观。从馒头形态的女儿茶、姑娘茶，到窝窝头形的沱茶、心形（亦名香菇形）的紧茶，形态的演化记录了社会的变迁。

沱茶紧压（下关茶厂）

紧茶压制（下关茶厂）

安乐号压茶石模

滇南西双版纳州勐腊县易武镇易武村，安乐号茶庄被列为非物质文化遗产七子饼普洱茶传统技艺保护点。安乐号的后人李春仙女士延续着祖业，茶庄里收藏有家传的压茶石，石上粘贴有纸张，毛笔书写标注为光绪十八年。压茶石为一对儿，分公石与母石。使用这种压茶石制成的茶饼，两面凸起，造型十分独特。

易武村易武老街，同庆号后人重操先辈的基业，以先辈名号建立起刘葵光茶庄。易武老街云集了众多茶号，茶号的创办人多是石屏籍，在茶号掌控普洱茶业的年代，各茶号之间多有联

福元昌号压茶石模

姻。同庆号与福元昌号之间有姻亲，故而同庆号刘家得以留存有福元昌号的压茶石，压茶石上铭刻有"元"字，据此推测压茶石可能来自于福元昌号的前身元昌号。这种压茶石制成的圆茶，就是如今常见的七子饼茶。从易武到象明，尚有一些茶农家中保存有过往年代遗存下来的压茶石。小小的压茶石，无论是传承有序抑或是无法追溯来历，都在无意中成

为茶号兴衰的历史见证。

易武老街，同兴号遗址入列全国重点文物保护单位。与其相距不远有一家宅院，因主人与向家结有姻亲，曾为向家代工压制普洱茶。在私营茶号退出普洱茶经营后，压制方茶的木模被典当

方茶（普洱市博物馆展品）

出售，辗转落入私人藏家的手中。同兴号老茶有传世实物，中国茶叶博物馆藏有一片向质卿方茶，与其同样原本藏于故宫博物院的一整筒方茶，如今存放在普洱市博物馆。

西双版纳州勐海县也可兴茶庄，主理人王德祥是老字号可以兴茶庄创办人周文卿后代的女婿，接续起了妻族家的普洱茶生意。可以兴茶庄是已知普洱茶老字号中长方形砖茶的首创者。

砖茶压制（益木堂）

勐海益木堂生产车间，工人师傅正在压制普洱熟砖茶。先是分别称取面茶和里茶，面茶装入小筒，里茶装入较大的筒，大筒套小筒，利用热蒸汽将茶叶蒸软，然后依次将面茶、里茶倒入金属模具，用液压机压制成型，再取出放在

架子上摊晾。从农耕时代采用木模具人工压制，到进入工业时代采用机械压制，工业的发展，技术的进步，将人从繁重的体力劳动中解放出来。

茶饼压制（益木堂）

茶饼压制（六大茶山公司）

益木堂生产车间中，另一组工人正在压制普洱饼茶。现下的名山古树普洱生茶，原料大多内外一致，俗称"一口料"。称取原料，装入筒中，利用热蒸汽蒸软，然后倒入布袋手工揉制，再按传统工艺用石模压制定型。每位工人师傅都套上了工作用的脚套，传统工艺在延续的同时，细节处理日渐细致合理。

六大茶山公司勐海茶厂，普洱饼茶的压制已经全部实现了机械化。工人师傅分成不同的班组，既分工又协作，形成流水化的作业。称取原料、蒸制、揉制、压制、摊晾、去袋，整个工序井井有条，效率得到极大的提升。

勐海龙马同庆茶厂，普洱茶饼的压制结合了传统与现代工艺。压制茶饼的机械经过了改造，上面是金属模具，下面却是石模具，由此压制出的茶饼，兼具现代机械压制的效率与传统石模压制的优点。

茶饼压制（龙马同庆茶厂）

千百年来，依赖人工的传统普洱茶压制技艺传承有序，进入现代社会，机械压制的方式成为普洱茶压制工序的主流，无论是对传统的承继，抑或是现代化的创新，核心的追求都在于压制出满意的普洱茶。

干燥

无论是生茶还是熟茶，只要经过精制工艺中拣剔、拼配与紧压的工序，最后都需要干燥，以利于长期保存。

时近 3 月底，天气晴朗。西双版纳州勐腊县易武镇，一家茶企正在晾晒压制好的茶饼。院落中的水泥地面上支起了木头架子，然后一排排整齐摆放着普洱茶饼，一眼望去，煞是喜人。晾晒茶饼源自古老的干燥技艺，利用炽热的阳光促使水分蒸发。晾晒的过程中，需要实时留心验看，及时翻饼，使茶饼正反两面干燥程度保持均匀。晒的是茶饼，收获的是喜悦。既往，在易武地区，这种饼茶称为元宝茶。茶如其名，寄托着人们对财富的渴望。

易武茶企日晒干燥茶饼

　　时近 10 月中旬，雨季即将结束。大理州下关茶厂，工人师傅们压制好的沱茶、紧茶与饼茶，经由摊晾后全部都送入烘房中干燥。农耕文明时代的制茶人，茶品的干燥仰赖好天气，靠天吃饭。工业文明时代的制茶人，茶品的干燥多了烘房等选择，全由自己把握。

紧茶摊晾（下关茶厂）

沱茶摊晾（下关茶厂）

　　每一道制茶的工序，都是一代又一代制茶人经验的积累与智慧的结晶。有人矢志不渝地承继传统的自然干燥技艺，笃信阳光干燥会赋予茶特有的活性。有人持之以恒地创新现代干燥技艺，坚信科学手段能够掌控茶的品质。

包装

普洱茶的形态，方非一式，圆不一相。普洱茶的包装，极具特色。有清一代，上贡清廷的八色贡茶，以锡瓶缎匣木箱盛装，其中瓶盛芽茶、蕊茶，匣盛茶膏。内销的沱茶，边销的紧茶，侨销的圆茶，大都以竹箬包装。新中国成立以前，号级普洱茶时代，纸都是罕有之物，仅用作茶的内飞或内票，而绝少用棉纸包装。直至20世纪50年代，方才采用棉纸包茶，因其印刷技术受时代限制，字体颜色成了印级茶的符号。70年代时，随着包茶棉纸印刷版面的更换，全面进入七子级茶的时代，迨至千禧年以后方告终止。自20世纪90年代起，普洱茶的包装用纸，版面设计，由简入繁，进入异彩纷呈的时代。

茶饼包装纸（六山贺开庄园普洱茶博物馆展品）

勐海益木堂包装车间，工人师傅正在包茶，耐心细致的女性最能胜任这项工作。纸张的质地体现了观念认知的差异，既有采用传统技艺的手工棉纸，亦有采用现代技艺的包装纸，核心在于包装纸张的标准符合食品卫生要求。整摞的包茶纸张放在工作台上，将茶饼放在纸张的中间，技艺纯熟的师傅用灵巧的双手边折边包，有包十六褶的，亦有包十八褶的，每道褶的宽窄距离几乎相等，包好的茶饼，从背面看形似太阳花。从传统一把抓式随意的包装，到后来精益求精的包装，细节改进体现的不独是技术的进步，亦有审美的提升。

另一组工人师傅正在忙着装筒，这种采用笋壳包装的做法延续了数百年，已经成为普洱茶独具特色的身份标识。装筒的师傅大多是男性，这项工序既考验技巧又消耗体力。为了卫生起见，装筒的师傅还要穿上专用脚套。放一片笋叶铺底，摞上七片茶饼，转圈用笋壳围起来，再用一片笋叶盖顶，竹篾捆扎。包好的一整筒茶，一层又一层茶饼，间隔凹凸有致，观之赏心悦目，宛如一件手工艺术品。

一筒七饼的普洱茶是最标准的规格，传统的做法是将其装入竹篓，一篓十二筒。现代的做法是将其装入纸箱，一箱六筒或四筒，因时因地发生改变。

农耕文明时代，普洱茶通常只能沿着茶马古道输往远方，而现在，全新的陆海空运输方式，将普洱茶的产地与销区紧密地联系在一起。从过往到现代，不断改变的是运输的方式，持之以恒的是将茶从制茶人手中呈现到饮茶人的面前。普洱

包茶（益木堂）

装筒（益木堂）

装篓（益木堂）

茶缔结了人与人、民族与民族、国与国之间的情谊，滋养了世人身体，丰盈了世人心灵，并将惠及越来越多的人，我们注定迎来一个普洱茶的时代。

笑傲传奇之班章

第六章

藏茶成珍

读懂普洱茶

自古及今，饮用新茶是老传统，饮用老茶是一种新风尚。普洱家族，向以"喝熟茶、藏生茶、品老茶"为业内共识。自农耕文明时代进入工业文明时代，文化的传承，科技的引领，经济的驱动，使老茶成为情感的寄托与价值的标的。盛世风尚，藏茶成珍。

晒青茶开启老茶的滥觞

"自从陆羽生人间，人间相学事春茶。"北宋著名诗人梅尧臣《次韵和永叔尝新茶杂言》一诗的开篇两句，赞颂了茶圣陆羽倡导举世饮茶的开创之功。自唐以降，在华夏文明的中心地带，人们沉醉于一抹绿色，崇尚新鲜自然的绿茶。四季轮回，世间最是留不住，新茶的滋味、时间的脚步。绿茶寄托了人们对春天的期盼，带来了春的消息。

明代大理白族进士李元阳开创了世间饮用老茶的风尚。"点苍茶树，高二丈，性味不减阳羡，藏之年久，味愈胜也。"李元阳编纂的《大理府志》中的寥寥数语，成为史书中关于老茶的最早记录。

倡导举世饮茶的陆羽被后世誉为"茶圣"，引领了千年以来品饮新茶的风尚。开创了品饮老茶风尚的李元阳，可谓是老茶鼻祖。他们各自为农耕文明时代的茶文化增添了浓墨重彩。

明代，大旅行家徐霞客入滇游历，在其所著《徐霞客游记·滇游日记》中留下了关于感通茶的记述："中庭院外，乔松修竹，间以茶树，树高皆三四丈，绝与桂相似，时方采摘，无不架梯升树者。茶味颇佳，炒而复爆，不免黝黑。"相隔四百年之后，循着前人的足迹，登临大理苍山的感通禅寺，月亮门内侧院中的古茶树郁郁葱葱，已经入列大理州古树名木保护行列。眼前的一幕与徐霞客笔下的描摹并无二致，禅房依旧，桂花飘香，山青寺更幽。用手轻轻触摸古茶树苍劲的树干与穿枝，忍不住会猜想：徐霞客是否曾如我这般与这古茶树亲密接触？相隔数百年，人与人之间的情感，借由这古茶树连接在一起。徐霞客的描摹使我们得知感通茶采用的是晒青茶的工艺。

大理感通寺古茶树

由此可知，正是晒青茶开启了老茶的滥觞。

同样采用晒青茶工艺的还有清代的普洱散茶，上贡清廷的八色贡茶即有芽茶与蕊茶两种散茶。清人张泓赞誉细嫩的散茶："味淡香如荷，新色嫩绿可爱。"这不独是文人的偏好，就连皇帝同样喜好新茶。幸而清宫旧藏的散茶与紧团茶存留于后世，使得今人能够一睹贡茶的神秘面貌。

宜良宝洪山古茶树

清代康熙年间，云南宝洪茶声名鹊起，直至民国时期，声名仍然颇为响亮。民国年间马标、杨中润编纂的《路南县志》记载："（宝洪茶）产北区宝洪山附近一带，其山，宜良、路南各有分界。藏之愈久愈佳，回民最嗜。"

观王槐荣、许实编纂的《宜良县志》记载："（宝洪茶），产城北十五里宝洪山，树高三四尺，丛生。……惊蛰后发白色嫩芽，采取焙而揉之，曝干收贮，味香烈异常。"而今，云南省昆明市宜良县城西北五公里外的宝洪寺正在重建，寺院后边遗存有古茶树，见证了岁月变迁。乔木型茶树出产的大理感通茶与灌木型茶树出产的宜良宝洪茶，都采用晒青毛茶的工艺，都有着久藏愈佳的品质特征。

晒青绿茶春蕊

晒青绿茶春芽

令人叹息的是，由于对自身认识不足，1938年，宝洪茶改用炒青绿茶中龙井茶的工艺，如今位列非物质文化遗产保护名录。而在1985年，感通茶改用烘青绿茶的工艺，成为一种地方名优绿茶。经由炒青绿茶、烘青绿茶高温杀青的工艺，宝洪茶、感通茶走上了追求新鲜自然的名优绿茶之路，再不复久藏愈佳的昔日风格。

如今普洱茶国家标准中，将晒青毛茶定性为普洱茶的原料，确定了其晒青绿茶的身份，却割裂了历史传承，至今争议不息，其久藏愈佳的品质特征无从以普洱散茶的名义展现，留下了无尽的遗憾。

普洱茶展现出老茶的价值

越陈越香的老茶价值观确立后，民国时期，普洱茶商号开始挖掘老茶的商业价值。《云南省文史资料选辑》第九辑收录了敬昌号马桢祥《泰缅经商回忆》一文，文中"易武茶在海外的行销"章节记述：

我们对茶叶出口一事，在抗战时期是很重视的，它给我们带来利润不少。易武、江城所产七子饼茶，每筒制好后约重四斤半。这种茶较好的牌子有宋元、宋聘、乾利贞等，稍次的有同庆、同兴等。在江城所加工的茶牌子较多，但质量较低，俗语叫"洗马脊背茶"，不象易武茶之质细味香。这些茶大多数行销越南、新加坡、马来西亚、菲律宾等地，主要供华侨食用。也有部分茶叶行销国内，主要是新春茶。而行销越南等地的多是陈茶，就是制好后存放几年的茶，存放时间越长，味道也就越浓越香，有的茶甚至存放二三十年之久。陈茶最能解渴且能发散。越南、马来西亚一带气候炎热，华侨工人下班后，常到茶楼喝一两杯茶，吃点点心，这种茶只要喝一两杯就能解渴。

这一段记述非常珍贵，可以确定，早在20世纪中叶以前，东南亚地区的华侨就有饮用普洱老茶的习俗。

文中还记述敬昌号利用普洱茶越陈越香的特性，以低价收购，长时间囤积，而后转运销售获利。老茶的商业价值由此得以展现出来。

《云南省茶叶进出口公司志》记载："历史上，普洱茶的后期发酵（或称后熟作用、陈化作用）是在长期储运过程中逐步完成其多酚类化合物的酶性和非酶性氧化而形成普洱茶特有的色香味的品质风格，有越陈越香的特点。"省茶司志中还记录了香港客商的抱怨：有的茶陈化不够。这说明在

第六章 藏茶成珍

165

敬昌号古董茶

敬昌号古董茶

敬昌号古董茶汤色

20世纪中叶以后，香港地区饮用老茶的习俗沿袭了下来，已经有了越陈越香的理念。

1993年4月，云南思茅主办了首届中国普洱茶叶节和中国普洱茶国际学术研讨会暨中国古茶树遗产保护研讨会，来自中国台湾的邓时海发表了《论普洱茶越陈越香》一文，引发了与会代表的关注与讨论。1995年邓时海在中国台湾出版了《普洱茶》一书，书中宣扬了明代李元阳"藏之年久，味愈胜也"的老茶价值观，此观念也随书风行天下，为世人所知。2005年，邓时海、耿建兴合著《普洱茶续》一书，所倡"喝熟茶、藏生茶、品老茶"的观念为世人普遍接受，引领了新的风尚。

始于明代，历经清代，直至民国时期，感通茶、宝洪茶代代承袭了晒青茶久藏愈佳的风尚。新中国成立以后，受到名优绿茶崇尚新茶思维的影响，品饮老茶的观念几至于湮没无闻。幸运的是，早在民国时期，晒青茶制成的普洱茶就已经远销香港及东南亚，并以其越陈越香的特点深受人们的青睐，崇尚老茶的风尚得以以另一种面貌流布开来，从一种民间的习俗逐渐上升为一种官方的认可，经历了漫长的过程。

标准确立了老茶的价值

云南省质量技术监督局2003年发布实施的云南省地方标准DB53/T 103—2003《普洱茶》规定：普洱茶是以云南省一定区域内的云南大叶种晒青毛茶为原料，经过后发酵加工成的散茶和紧压茶。其外形色泽褐红；内质汤色红浓明亮，香气独特陈香，滋味醇厚回甘，叶底褐红。除此定义之外，还指出普洱茶在适宜的条件下可以长期保存。

经由长期实践经验的总结与深入研究理论所获结论，我们终于能够懂得标准主要起草人苏芳华先生的仁人用心：日常饮用还是应该以熟茶为主，熟茶同样可以长期存放。

2004年，中华人民共和国农业部发布实施的农业行业标准NY/T 779—2004《普洱茶》规定，普洱茶包括以云南大叶种晒青毛茶（俗称"滇青"）经熟成再加工和压制成型的各种普洱散茶、普洱压制茶、普洱袋泡茶。标准中，熟成是指云南大叶种晒青毛茶及其压制茶在良好储藏条件下长期贮存（10年以上）或云南大叶种晒青毛茶经人工渥堆发酵，使茶多酚等生化成分经氧化聚合水解系列生化反应，最终形成普洱茶特定品质的加工工序。

仔细研读这个标准可以获知：晒青毛茶经过发酵后的熟茶被定性为普洱茶，晒青毛茶经过精制成的生茶，必须贮存10年以上才被定性为普洱茶。由刘勤晋先生主要负责制定的这个标准，既是对行业共识的认可，亦是对标准原则的坚守。

云南省质量技术监督局2006年发布实施的云南省地方标准DB53/103—2006《普洱茶综合标准》规定：普洱茶是云南特有的地理标志产品，以符合普洱茶产地环境条件的云南大叶种晒青茶为原料，按特定的加工工艺生产，具有独特品质特征的茶叶。普洱茶分为普洱茶（生茶）与普洱茶（熟茶）两大类型。

2008 年发布实施的国家标准 GB/T 22111—2008《地理标志产品 普洱茶》规定：以地理标志保护范围内的云南大叶种晒青茶为原料，并在地理标志保护范围内采用特定的加工工艺制成，具有独特品质特征的茶叶。按其加工工艺及品质特征，普洱茶分为普洱茶（生茶）和普洱茶（熟茶）两种类型。

对照分析上述两个标准可以发现，其核心是相同的，将生、熟茶都定性为普洱茶。此外两个标准都指出在符合标准的贮存条件下，普洱茶适宜长期保存。从整个普洱茶的发展进程来看，这是一个里程碑式的事件，意味着生、熟茶经长期存放后的老茶都获得了合法的地位。

广东省茶文化研究会 2019 年发布，2020 年实施的团体标准 T/TEA 002—2019《陈年普洱茶》规定：在适宜的贮存环境条件下，储存时间超过 5 年，具备越陈越香的品质特征，包括陈年普洱茶（生茶）、陈年普洱茶（熟茶）两大类。

统观这个标准，陈年普洱茶按储存时间分为三大类：储存时间在五年以上、十年以下的为初期陈茶；储存时间在十年以上、二十年以下，且越陈越香的为中期茶；储存时间在二十年以上，且越陈越香的为老茶。这个分类标准着重强调陈年普洱茶具备越陈越香的品质特征。

由林楚生先生牵头制定的这个标准，为陈年普洱茶价值的确立制定了依据，成为以标准为陈年普洱茶保驾护航的典范。

普洱茶仓储的流变

品饮老茶的习俗，经由历代文人的阐述，在文化上确立

勐库茶

普洱八级样茶

普洱八级样茶外形

普洱八级样茶汤色

了品饮价值。民国时期普洱茶商号敏锐捕捉到了其中蕴藏的商业价值，后被中国香港、澳门、台湾地区的茶商效仿宣扬，在众多茶商的引领下，品饮老茶的风尚逐渐扩展到全国各地。而后，普洱茶的各级地方标准、行业标准、国家标准与团体标准相继出现，为普洱老茶市场的规范发展设定规则。相继跟进的科学团体正在深入研究老茶的品质机理与健康属性的奥秘。

当代普洱茶仓储的发展路径，经历了从中国香港向广东省扩展，进而向全国各地扩展的过程。20 世纪 90 年代以前，普洱茶仓储主要集中在香港，为了适应消费者的需求，传统茶商通过高温、高湿的做仓方法，使茶能够尽快进入消费端。当时香港茶楼悬挂有这样一副对联，上联是"普洱铁观音松涛烹雪醒诗梦"，下联是"龙井碧螺春竹院弥香荡浊尘"。普洱茶高居首位，足见其受欢迎之程度。而在当时，普洱茶主要作为一种廉价且耐泡的日常消耗用茶，人们讲求的是适饮。后起的茶商追求的是自然陈化，以干仓储存，寻求价值提升，以陈国义、白水清等为代表的私人仓储兴起。香港地区饮用普洱老茶与藏茶的风气首先为粤人所接受。伴随市场的扩展与资本的加持，以广州芳村为主的普洱茶交易市场执全国普洱茶流通之牛耳。毗邻的东莞则成为藏茶之都，在干仓储存理念的引领下，仓储技术不断升级且趋向多元化，双陈、昌兴等仓储品牌崛起，专业化技术仓储成为市场的主流。

从中国港澳台兴起的仓储之风，逐步扩展到珠三角地区，

广东东莞天得茶仓

广东东莞天得茶仓

进而扩展到全国各地。普洱茶销区仓储、产地仓储的建设风起云涌。从南方仓、北方仓，再到各种地域仓，普洱茶经陈化和仓储提升价值品质已经成为行业的共识和普世的风尚。

普洱茶存储的原理

普洱茶"越陈越香"的品质特征，既有传统经验的总结，亦有科研成果的依据。云南大学生命科学院高照教授研究认为，云南普洱茶等黑茶，在后期存储的过程中都是在以黑曲霉为主体的有益菌种的作用下进行后发酵，以提高品质，达到越陈越香的效果。在湿热的环境下熟得快，需要一定年份"陈得香"。张理珉教授认为普洱茶的后发酵主要有两种作用：酶促反应（微生物酶和植物酶）和非酶促反应。普洱茶贮存陈化的本质，是普洱茶不断发生物理变化和生化反应，由此带来的内含物质物理性质和化学成分变化的一系列过程。其品质的变化与微生物、水分、温度、氧气和光线等条件密不可分，也就是说，越陈越醇越香是有一定条件的。

普洱茶仓储的核心在于温度与湿度。高照教授研究认为：空气湿度超过60%，温度超过15℃，微生物活跃，所以"湿热熟得快"。冬季休眠，产生并保留芳香性物质，是故"冷藏香又醇"。这在实践环节得到了验证，并成为南北方仓储争论的焦点，同样的储藏年限，南方仓储认为北方仓储茶品不熟，而北方仓储认为南方仓储不香。科学可以解析地域仓储特色形成的原因，却无法平息双方的争论，各有各的拥趸。或许对于不同地域的人来讲，不独是一方水土养一方人，滋养他们的，同样还有仓储的茶品。对于老茶，有人爱其"热藏熟"，亦有人爱其"冷藏香"。

　　普洱茶仓储的重中之重在于年份。行业内普遍认可存储10年以上的普洱茶为中期茶，这在2004年发布实施的《普洱

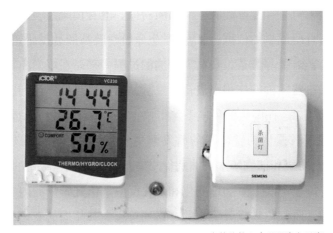

仓储的核心在于温度与湿度

仓储的核心在于温度与湿度

茶》农业行业标准中得到了某种意义上的认同。2019 年发布，2020 年起实施的《陈年普洱茶》团体标准，首次以标准的名义对陈年普洱茶进行界定——储存时间在 5 年以上的生、熟普洱茶。林楚生先生认为，普洱茶醇化的最佳时长为 10~30 年。邓时海教授则认为普洱老茶的陈期应当在 50 年以上，至少也要 40 年。普洱老茶的储存年限众说纷纭，至今并无定论，只能作为参考，最终的结论有待实践检验以及科学的验证。

普洱茶存储的经验

藏茶的目的在于提升品质，广东省东莞市有着成熟的藏茶经验，可资借鉴。东莞市的藏茶风气始于 20 世纪 90 年代，至今已历二三十年，有着"藏茶之都"的美誉。

东莞藏茶风气的形成，得益于以下条件：其一是当地人饮茶的风气浓厚；其二是受中国香港、台湾地区藏茶风气的影响；其三在于当地民众的物质基础丰厚；其四在于当地成熟发达的低成本物业。天时、地利、人和，夯实了东莞藏茶的行业龙头地位。

东莞藏茶，一是专业茶仓，包括双陈普洱茶仓、天得茶仓、昌兴存茶、七彩云南东莞酝化中心等；二是茶商仓，包括东莞市 11 家茶叶市场 7000 余家茶商各自的茶仓；三是私人仓，据不完全统计，东莞市有 20000~30000 个私人家庭茶仓。各种茶仓收藏的茶叶总量在 30 万吨左右。

前往广东省东莞市实地探访专业茶仓，总结其积累下来的丰厚实践经验，可以为后来人提供很好的借鉴。

专业茶仓共同遵循分类贮藏的原则。七彩云南茶仓，将生、熟普洱茶单独设仓。双陈普洱茶仓，不同年代的普洱茶，分开占据不同的楼层。

专业茶仓设仓的理念各有所长。昌兴存茶，在原有厂房盖建茶仓。七彩云南，引入现代科技设仓。双陈普洱，汲取了粮仓的理念建设茶仓。

专业茶仓设仓的核心技术相似。设置离墙、离地专用货架。防潮是共同的原则，梅雨季节紧闭门窗闭仓谢客，将茶仓与外部隔绝。茶仓内部沿用传统的方法，沿墙壁周围设置生石灰槽吸湿，货架间成排放置盛满木炭的竹篓吸收异味。设置通风管

离地存放的基本条件

防潮除异味的方法

科学合理的通风设施

道，适时通风。甚至有茶仓设置中央空调，调节温度、湿度。并用温度计和湿度计记录观察温度、湿度的变化，以便适时调节。茶仓全部都遵循避光存放的原则，有门窗的设置遮阳帘，室内的光源都以冷光源为主。

专业茶仓设仓的卫生标准严格。昌兴存茶、双陈普洱，茶仓都设有专门的工作通道，可隔着玻璃窗参观。而要参观天得茶仓、七彩云南茶仓，都需要遵守规定，穿着工作衣帽，戴上鞋套，并进行消毒。

运用科学的贮存方法，汲取成熟的仓储经验，因地制宜，因茶而异，科学贮存收藏茶叶，为茶行业探索出一条全新的发展路径，成为我们生活的这个时代的盛世风尚。

普洱茶仓储方法

普洱茶仓储，既要注意借鉴成熟的做法，亦要遵循科学的规范。2020年普洱市市场监督管理局发布实施的地方标准DB5308/T 53—2020《普洱茶贮存技术规范》可资参照。究其贮存管理规范来看，主要在于入库要求与贮存过程要求两项。

入库前检查主要包括包装质量检查：外包装箱完整，无破损，标识清楚，能反映贮存茶叶的真实信息，内包装不合格需增加开箱检查数量，标签标识符合国标规定。产品质量检查包括感官品质及理化指标、污染物限量、农药残留限量等项，皆应符合国家标准规定。

贮存过程中要求包括货品存放、堆码、茶垛布置等，以科学、安全、卫生、合理等为标准。每个垛区应在明显位置设置标识牌，标识产品的名称、入库时间、贮存数量等细项，常规产品与认证产品按要求分别存放。

货品标识 货品堆放

货品管理

贮存过程中设置温度计和湿度计，根据实际需要采取合理措施调控温度、湿度。

设置仓库管理员，经专业培训后负责仓库管理。贮存期间定期进行库检，对产品外包装及品质进行检验。

出库产品应进行检查，符合要求方可出库。

从经验的总结到标准的设立，普洱茶正在走向理论指引与实践验证相结合的道路，未来将不断趋向成熟与完善。

普洱茶的投资收藏

在普洱茶越陈越香的理念指引下，普洱茶的商业收藏价值日益展现出来。普洱茶行业内，向有依照存世的普洱茶实物进行分期的做法。新中国成立以前，私营茶号出品的号级茶，被视为古董级茶品，存世量极为稀少，拥有号级古董普洱茶的藏家往往秘不示人。新中国成立以后，计划经济年代国营茶厂出产的普洱茶，前期被称为印级普洱茶，后期被称为七子级普洱

陈云号古董茶　　　　　普庆号古董茶　　　　　宋聘号古董茶

茶，如今已经成为炙手可热的老茶珍品。这两类普洱茶已经成为茶叶拍卖中备受瞩目的明星茶品。20 世纪 90 年代以后，普洱茶进入名山古树茶时代，其中的一些产品有望成为明日之星。

　　普洱茶的收藏与投资主要涉及茶商和个体两类群体。收藏与投资的标的是茶，首要在于普洱茶的品质，一言以概之："原料是基础，工艺是关键，储藏是升华。"从原料上讲，古树茶的原料普遍好过台地茶的原料；从工艺上讲，传统工艺与现代工艺各有千秋，核心在于加工的效果；从储藏上讲，晒青毛茶、普洱生茶与普洱熟茶都可以存放，但以生茶存放后成效更明显。其次在于普洱茶品牌，包含企业品牌、个体品牌，品牌效应影响了茶的溢价。最后是仓储，仓储技术决定了普洱茶品质与价值的高下。

　　投资收藏普洱茶既能带来财富，亦能满足精神的需求。在前者的引领下，普洱茶出现证券化、期货化的金融属性产品。在后者的指引下，普洱茶成为品茗艺术的极致，既能给人带来独特的感官享受，亦能获得独特的审美体验，成为沉浸式生活文化之一。

同庆号古董茶

第六章　藏茶成珍

红印圆茶

蓝印圆茶

第七章

读懂普洱茶

评茶技艺

无数人孜孜以求，想要洞悉普洱茶品质的奥秘。懂茶不是一件容易的事，掌握科学指引下的审评方法是基础，了解艺术性的审美理念是途径，谙熟文化主导下的精神享受是法则。

以现代评茶技艺为基础，俯瞰农耕文明时代到工业文明时代评茶技艺的变迁，以环境、器具、水品、茶品、方法与评茶之人为着眼点，从技术、艺术与文化层面探求评茶技艺的奥秘，其物质、精神双重属性的前因后果，可以预知评茶技艺未来的走向。

溯源

农耕文明时代，茶是东方文明的结晶之一。或与世俗百姓的生活融为一体，晨起开门七件事，柴米油盐酱醋茶。或与文人雅士的生活水乳交融，文人立身七艺，琴棋书画诗酒茶。从中华文明的中心地带，到遥远的边疆地区，茶成为中华民族共同的信仰。茶山上的少数民族流传有谚语：茶是血，茶是肉，茶是生命。表述不同，却都表达出对茶共同的崇敬。

农耕文明时代，古典茶文化时期，评茶技艺的主导权掌握在文人士大夫的手中。唐代是古典茶文化的第一个高峰期，茶圣陆羽开创的评茶技艺名为别茶。宋代是古典茶文化的第二个高峰期，斗茶又名茗战，成为彼时的评茶技艺。明清是茶文化的第三个高峰期，较茶或辨茶，成为那时的评茶技艺。

唐宋时期的云南尚处在茶的草昧时代，中原地带的评茶技艺未能惠及遥远的边疆。至明清时代，云南与中原地带已有较紧密的文化交流，评茶技艺深受中原文化的影响。

茶经楼（湖北天门）

茶圣故里（湖北天门）

工业文明时代，茶是西方文明的结晶之一。不独是清饮，调饮在欧美蔚然成风。茶是贵族生活的优雅情调，茶是平民百姓的生活慰藉。

工业文明时代，现代茶文化时期，评茶技艺的主导权掌握在商人群体的手中。英国人引领的评茶技艺，伴随工业文明的潮流席卷全球，成为举世遵循的方式。

环境

盛世则茶兴，农耕文明时代，中国占据了世界经济发展的龙头地位，成为举世向往的文明国家。在长达千年的时间内，中国垄断了世界茶叶贸易，牢牢掌控了评茶技艺的主导权。

伴随工业文明的兴起，英国在近世掌控了世界茶叶贸易的话语权，重新制定并主导了评茶技艺。工业文明时代孕育出的英国下午茶文化，引领了世界潮流，成为普世向往的风尚。

张汉故里（云南石屏）

农耕文明时代的中国，直到明清时期，僻处边疆之地的云南，逐渐纳入古典茶文化的范式。明代云南大理白族进士李元阳，清代云南石屏翰林张汉，大学者阮元与其子阮福等诸多人，或在山林寺院，或在私家宅院，或在官署花园，其对感通茶与普洱茶品茗环境的选取，已经与中原地带的

张汉故里（云南石屏）

朝野文士并无二致。

时至今日，连年举办的易武斗茶大赛，勐海茶王节等，诸如此类的活动遍布云南各地。其中承接了古典茶文化的意蕴，延续了文化的交流与融会。

工业文明时代的中国，迟至民国时期，云南茶产业已经被卷入了工业化的潮流。新中国成立以后，在国营厂的引领下，国际通行的评茶技艺在云南落地生根，茶叶审评环境条件趋向规范化，以便符合国际茶叶贸易的需求。

现代评茶技艺，对感官审评环境条件有着严格的要求，体现的是科学的原则。对感官审评室的地点、室内环境、布局、朝向、面积、室内色调、气味、噪声、采光、温度和湿度、审评设备、检验隔档、样品室、办公室等有着细致入微的标准和要求。这在国标 GB/T 18797—2012《茶叶感官审评室基本条件》中有详细的规定。

当下，只有相当规模的茶叶企业，或者是官方的科研院所、高等院校，才有按照标准设立的感官审评室。就普遍意义上来看，数量所占比例仍然微乎其微。但为了追求茶叶感官审评结果的公平、公正与可靠，未来一定会朝向增加的趋势发展。

茶叶感官审评室是西方科学思维主导下的产物，不独是国内贸易中作为评茶技艺环境条件的要求，更是国际贸易中作为评茶技艺的环境条件的标准，追求的是在同样的环境条件下，评审结果更具有公平性、公正性与可靠性。

器具

工夫茶具·谭泉海（宜兴陶瓷博物馆展品）

盛世兴茶，农耕文明时代，直至明清时期，深受中原文化浸染的朝野文士才跟上了古典茶文化变迁的风尚。

明清时期，景德镇的瓷器与宜兴的紫砂壶，世间茶具称为首。蕴含中国古典茶文化精髓的评茶器具，兼具实用与艺术审美的双重法则。而边疆之地的众多少数民族依然保留着各具特色的饮茶器具，烤茶、煮茶的各色器具承载了古老的民族原生的茶文化意蕴。

自19世纪中叶起，在英国人主导下设计制造的评茶器具成为主流，在此基础上发展完备起来的中国评茶器具完全与其看齐。国家标准 GB/T 23776—2018《茶叶感官审评方法》对审评设备有详细的规定：评茶的核心器具是审评杯、审评碗，此外评茶盘、分样盘、叶底盘、称量用具、计时器、烧水壶等一应俱全。

在现代科学精神的引领下，所有现代的评茶器具都以经济、实用、可靠、公平、公正为第一原则，体现的是西方重商主义的器物法则，艺术审美被无情舍弃掉了，这不能不说是一种巨大的遗憾。

水品

茶对于水和热有着特别的亲和力，茶和水同样来自自然，都有着"道法自然"的品格。农耕文明时代，古典茶文化时期，历代之人尤重茶与水的关系。

上天仿佛特别眷恋云南这片高原，这里不独有名遍天下的普洱茶，亦有着蔚为丰富的水资源。三江并流的七彩云南之地，人们礼赞自然的馈赠。热带、亚热带的气候条件下，旱季、雨季往复交替，每年旱季行将结束，雨季来临之前，傣族等各族人民都要欢庆泼水节，人们相互泼水祝福，迎接雨季的来临。大自然在雨水的滋润下，将再次焕发出勃勃生机。世代在此生活的少数民族，懂得人与自然之间和谐相处的法则，珍视养育生命的山水自然，并以无比崇敬的心态加以保护。

而现代人一度肆意破坏环境，带来的恶果只能自己默默承受。在地球同纬度上，西双版纳州拥有北回归线附近唯一的热带雨林，孕育出了众多动植物，茶只不过是万千物种之一。人类的贪婪行为遭到了大自然的无情惩罚与报复，连年的干旱导致茶山上水脉几乎断绝。当看到年逾古稀的拉祜族老婆婆赤着脚往返山下山上背回饮用水的时候，我们在茶中品尝到的不独有甜美，亦有丝丝苦涩，更多的是愧疚之情。悔悟之后，人们重新审视人与自然的相处之道，建立起保护区，制定保护条例，并推行低碳的绿色生活方式，对自然悉心加以维护。

中国普洱茶第一县勐海，曼贺大佛寺旁，千年大青树下，有勐海第一圣泉。每日居民往来打水瀹茶，清澈的泉水不独能够映出人的身形，亦能荡涤人的心灵。而在古老的易武茶山上，曾经作为易武老街水源的井泉已经废弃，徒留下一个井泉亭形影孤单，仿佛在凭吊过往逝去的岁月。

勐海第一圣泉

易武老街井泉亭

红河州石屏县，无数汉人远别乡井，走夷方、上茶山，在普洱茶历史上书写出了辉煌灿烂的号级普洱茶篇章。我们走近这片土地，穿过宝秀镇的大街小巷，在当地人的指引

石屏宝秀四眼井

下，找到了古老的四眼井。饮茶思源，情系井泉。茶人当牢记前人的谆谆教诲，珍视并爱惜滋养人与茶之生命的水。

古典茶文化时代的朝野文士划分水品的等级，以山水上、江水中、井水下；区分水的质地，以清轻甘洁为美。烹水讲究火候，根据目视、耳听区分鱼目微声、涌泉连珠、腾波鼓浪等三沸。倘若放在平原之地犹可作为参照，而在高原之上，却殊为不同。尝有昆明事茶友人到访郑州，完全不假思索，端起沸水冲瀹之茶即饮，盖因入口滚烫难忍几至跳脚。古人所说的汤候，讲究的是水温，当视地域海拔不同而有差别。

工业文明时代，现代茶文化时期，英国人主导的评茶技艺，要求茶与水质相匹配，重视水的软硬度，舍矿泉水而选用过滤后的蒸馏水，忌用自来水。

现代评茶用水，国家标准 GB/T 23776—2018《茶叶感官审评方法》中有明确规定，审评用水的理化指标及卫生指标参照 GB 5749《生活饮用水卫生标准》执行。同一批茶叶，评茶用水的水质应保持一致。

得益于得天独厚的自然环境条件，古人的风雅在如今云南各地仍可窥其面貌、继其行径。而在更为广阔的地域内，生活在城市中的人，有着令古人难以想象的便利条件。每个时代，总有令人称羡之处，亦难免会有种种的缺憾。

茶品

农耕文明时代，倘若以茶品形态的变迁进行约略的划分，唐宋时期属于紧团茶的时代，明代中期以降属于散茶的时代。唐宋时期的云南茶尚且处在"散收，无采造法"的草昧时期，明清时期的云南茶兼纳并蓄，既汲取散茶的技艺，又承继紧团茶的衣钵。

明清时期的朝野文士，对于晒青绿茶的认知，既有与中原的相似之处，赞誉其"性味不减阳羡"或"味淡香如荷"；亦有独到的认知，"藏之年久，味愈胜也"。

童蒙时期的紧团茶，颇受时人鄙薄，"士庶所用，皆普茶也，蒸而成团，瀹作草气，差胜饮水耳"。伴随制茶技艺的提升，紧团茶以其"清香独绝"成为普洱茶品质与声誉的担当。

农耕文明时代的普洱茶，区分为散茶、紧团茶与茶膏，尤以上贡清廷的八色贡茶备受赞誉，由此名遍天下。

民国时期伊始，普洱茶迈入工业文明时代。内销的沱茶，边销的紧茶，侨销的圆茶成为普洱茶的主体。

工业文明时代，普洱熟茶诞生了，内含现代文明的基因。

古典茶文化时期，自唐以降千余年以来，向以绿茶为主体，主导了茶品价值、艺术与文化内涵的评定。自清代，普洱生茶之属的芽茶、蕊茶，紧压成型后的方圆紧茶，无不以绿茶为参照。迨至今日，名山古树普洱生茶延续了古典遗风，究其内在，评茶的标准一脉相承。

现代茶文化时期，自民国至今百余年以来，品饮老茶成为普世的风尚。现代普洱熟茶的诞生，不断扩展着普洱茶的种类，丰富着普洱茶的价值。

2008年发布实施的国家标准GB/T 22111—2008《地理标志产品 普洱茶》规定了普洱茶的定义与分类。晒青毛茶被确定为普洱茶的原料，晒青毛茶紧压成型后被定义为普洱生茶，晒青毛茶经过渥堆发酵后被定义为熟茶，熟茶的散茶经过紧压成型后被定义为熟茶紧压茶。

参照2014年发布实施的国家标准GB/T 30766—2014《茶叶分类》，普洱茶的分类一目了然。普洱茶的原料晒青毛茶被归为绿茶类，普洱生茶被归入绿茶紧压茶，普洱熟茶散茶属于标准黑茶，熟茶经紧压成型后属于黑茶紧压茶。

依照2020年实施的团体标准T/TEA 002—2019《陈年普洱茶》，储存时间5年以上，具备越陈越香品质特征，包括陈年普洱茶（生茶）和陈年普洱茶（熟茶）两大类型。

现行国家标准GB/T 23776—2018《茶叶感官审评方法》承继传统，以绿茶为参照审评晒青毛茶，以黑茶为参照审评普洱熟茶，以紧压茶为参照审评普洱紧压茶。并在此基础上不断探索与尝试，审评普洱老茶。

普洱大宗茶的审评，完全与国际接轨，无论生、熟普洱茶，都被视作供人日常饮用的大宗商品，或可成为口粮茶。普洱名优茶的审评，无论是生、熟新茶抑或是老茶，通用审评方法的背后，以艺术鉴赏为途径，文化内涵为主导，将物质与精神双重属性融为一体，将普洱茶文化体系逐步推向完备与成熟的境地。

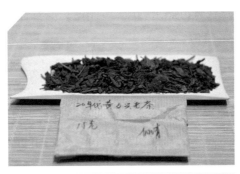

同昌号黄文兴古董茶·外形

同昌号黄文兴古董茶·汤色

同昌号黄文兴古董茶·叶底

方法

纵观农耕文明时代中国评茶技艺，在以蒸青紧团茶为主体的唐宋时期，无论是唐代的煎茶技艺，抑或是宋代的点茶技艺，都蕴含了丰厚的古典美学因子，技艺精巧且繁复；而以各种散茶为主体的明清时期，技艺朴素且简约。日本美学宗师冈仓天心以艺术的分类方式将其划分为古典派的煎茶法、浪漫派的点茶法与自然派的瀹茶法，后世的中国人多属于茶的最后一个流派。

明清时期的朝野文士，同样喜爱用朴素简约却又不失雅致趣味的瀹茶法品鉴晒青绿茶与各类普洱茶。在崇尚清饮的古典茶文化风尚之外，无论是深居宫廷的清代贵族，抑或是僻处边疆的少数民族，调饮茶也成为人们日常所好的生活方式。

清季上贡宫廷的八色贡茶，散茶类的芽茶、蕊茶追求"新色嫩绿可爱，味淡香如荷"；紧团茶类的大普茶、中普茶、小普茶、女儿茶与蕊珠茶追求"清香独绝"；而茶膏追求的则是医药功效。

清季散卖滇中的粗普叶，在文献中被称作"金月天"，而今则唤作"黄片"。普洱茶产地的各大茶山村寨中，各民族的老辈人，仍然执拗地保留着旧日的饮茶习俗，大水壶煮饮的粗普叶（黄片之属），粗瓷大碗盛装的都是过往生活的滋味。

更加古老的传统则在烤茶的习俗上显露无遗，朴拙的陶罐盛装着晒青毛茶，不断在火上烘烤，四溢的芬芳香气，沏入水后升腾的热气，在啜苦咽甘的茶汤里，人们能够品鉴出人生的本味。

无论是晒青毛茶、普洱生茶、普洱熟茶还是普洱老茶，而今的人们，舍弃了独具茶山民俗特色的烤茶法，具有古典意味的煮茶法以及自然风味的瀹茶法，转而采用专门的审评式的闷泡法。这种与国际接轨的评茶技艺，为的是能够搭建跨越国别、种族的茶人之间沟通的桥梁，崇尚的是在科学指引下追求公平、公正与可靠，以实用主义为至上原则。我们笃信伴随文化影响力的深入人心，爱茶的人们终将明了，茶中不独有五味皆蕴的各种滋味，亦有着幽雅的艺术品位与深湛的文化韵味。

现代评茶技艺，茶叶取样在国标 GB/T 8302—2013《茶 取样》有详细的规定。

历数我国发布的茶叶审评方法标准：其一是由原商业部制定实施的行业标准 SB/T 10157—93《茶叶感官审评方法》；其二是由原农业部制定实施的行业标准 NY/T 787—2004《茶叶感官审评通用方法》；其三是国家质量监督检验检疫总局制定实施的 SN/T 0917—2010《进出口茶叶品质感官审评方法》。

现行的是国家质量监督检验检疫总局颁布实施的国家标准 GB/T 23776—2018《茶叶感官审评方法》，是为茶叶感官审评最为权威的标准。

我国茶叶品质审评基本的方法有三种：一是五因子评茶法；二是八因子评茶法；三是青茶评茶法。农业行业标准使用五因子评茶法，评审项目分为外形、汤色、香气、滋味和叶底。商业行业标准使用八因子评茶法，评审项目为干评外形形状、整碎、净度、色泽，湿评内质汤色、香气、滋味和叶底。

现行国家标准 GB/T 14487—2017《茶叶感官审评术语》，界定了茶叶感官审评的通用术语、专用术语和定义，适用于我国各类茶叶的感官审评。

2008年发布实施的国家标准 GB/T 22111—2008《地理标志产品 普洱茶》附录部分给出了普洱茶（生茶）、普洱茶（熟茶）感官审评方法。

2020年发布实施的团体标准 T/PCX 01—2020《普洱茶感官审评方法》依照普洱茶国标、茶叶感官审评体系国标，给出了云南大叶种晒青茶、普洱茶熟茶（散茶）、普洱茶（生茶、熟茶）紧压茶审评方法。并在附录部分给出了普洱茶感官审评室基本条件、普洱茶感官审评术语、普洱茶品质评定用语与品质因子评分表。

古董普洱茶冲泡

古董普洱茶冲泡

古董普洱茶分汤

古董普洱茶茶汤

广东省茶文化研究会于 2019 年发布，2020 年实施的团体标准 T/TEA002—2019《陈年普洱茶》附录部分给出了中期茶感官审评方法。

茶人

茶，生来就是为了满足人们在物质与精神双方面的需求，由此衍生出评茶技艺。主导评茶技艺之人，当属各个时代的茶人。

农耕文明时代，自唐以降迨至晚清千余年间，属于中国古典茶文化时期。陆羽作为古典茶文化的开创者与集大成者，成为史上首位评茶师，历代茶人莫不以陆羽为标榜。

如果说陆羽开创的是崇尚品饮新茶的技艺与风尚，那么李元阳开创的是品饮老茶的技艺与风尚。或许正是源于李元阳云南大理白族进士的身份，他既深受中原传统文化的浸染，又历经民族文化的熏陶，才有了后人难以望其项背的远见卓识。

明代入云南游历的大旅行家徐霞客，以其深厚的学养与丰富的阅历，独具慧眼发现了云南茶的文化内涵与精神属性，赋予了云南茶卓绝的文化品格。

乾隆皇帝品茶蜡像（普洱市博物馆展品）

乾隆皇帝《烹雪》诗赞曰："独有普洱号刚坚，清标未足夸雀舌。"清代的张泓赞誉普洱珍品"味淡香如荷，新色嫩绿可爱"。赵学敏称誉"普洱茶清香独绝也"。檀萃一语定音："普茶名重于天下。"阮福以一篇《普洱茶记》，孤篇横绝，竟成大家。无数士人因对普洱茶文化构建所作努力，而成为普洱茶史上流芳后世的茶人。

工业文明时代，自民国伊始迄至今日已历百余年，属于中国现代茶文化时期。范和均、李拂一等众多茶人，为普洱茶注入了现代工业元素，为促进现代茶文化的复兴，贡献出了心力与才智，在普洱茶史上留下了闪光的一笔。

新中国成立之后，无数人前赴后继，为了普洱茶产业的发展贡献了自己的力量。他们有专家、教授、学者，也有官员、企业家与茶商，无论是留下姓名抑或是无名的人士，他们都有着一个共同的令人自豪的名字——茶人。

在现今这样一个专业分工明确的社会里，专门从事茶叶审评的人员，有着属于自己的职业身份——评茶员或者评茶师。

中华人民共和国国家标准《茶叶感官审评方法》明文规定：茶叶审评人员应当获有《评茶员国家职业资格证书》，持证上岗。

由中华人民共和国人力资源和社会保障部与中华全国供销总社制定，2019年版《评茶员》国家职业技能标准，将从事茶叶审评的人员名称确定为评茶员（师）。职业定义是运用感官评定茶叶色、香、味、形的品质及等级的人员。

评茶员（师）主要是在茶叶的加工、流通、贸易、科研等单位，从事茶叶审评与检验工作。

结语

农耕文明时代，古典茶文化时期的中国，自唐以降迄至晚清，上千年的时间内，历代的评茶技艺因茶而变。

无论是唐代的煎茶法、宋代的点茶法还是明清时期的瀹茶法，究其本质，都是以艺术的方法来鉴别茶品的高下。朝野文士通过著书立说掌控了评茶的话语权，评茶所用的都是优美的文学语言，为后人留下了宝贵的文化遗产与精神财富。

工业文明时代，现代茶文化时期，随着世界茶叶话语权旁落英国，自民国伊始延续至今，中国始终处于一个追赶的过程，而今在普洱茶的引领下，有望重掌茶叶话语权。

现代评茶技艺，实质是一门审评茶叶品质优劣的专业化技术，技术性色彩更强，艺术性色彩淡薄，文化性主导因素依然存在。

现代评茶技艺，建立有完备的感官审评体系。从事评茶的人员有《评茶员》国家职业技能标准，审评的普洱茶有国家标准 GB/T 22111—2008《地理标志产品 普洱茶》，审评的场地有国家标准 GB/T 18797—2012《茶叶感官审评室基本条件》，选取茶样有国家标准 GB/T 8302—2013《茶 取样》，评茶的方法有国家标准 GB/T 23776—2018《茶叶感官审评方法》，评定茶叶的词汇有国家标准 GB/T 14487—2017《茶叶感官审评术语》，这才是严格意义上的评茶。

在国家标准的基础上，团体标准 T/PCX 01—2020《普洱茶感官审评方法》，T/TEA 002—2019《陈年普洱茶》，都在为普洱茶及陈年普洱茶的审评进行有益的探索。

单就审评的方法而言，以审评杯、碗为核心，沸水闷泡的感官审评方法技术性极强，而与艺术性相距较远。干评外形，湿评内质色、香、味、叶底，方法科学，结果更为公平、公正、可靠。

检视现代评茶之失，主要在于审评方法和审评体系尚有可商榷之处，有待于进一步发展完善。

普洱茶产品标准及建立在标准体系上的普洱茶审评方法，已经初步建立起体系，但还有着自身的不足。面向未来，普洱茶的审评将以国标评茶体系为基础，以不断制定的普洱茶审评标准为参照，在理论与实践层面获得完善与提升，从而为普洱茶走向更为广阔的天地开辟出宽广的道路。

第八章

读懂普洱茶

普洱美学

人说茶中最难是普洱，我说茶中最美是普洱。普洱茶中从不缺乏美，设若我们以美学的视角审视普洱茶，那么，会从中照见一个怎样瑰丽的普洱新世界？且听我慢慢为您讲述我的普洱美学主义。

普洱茶的形态之美

纵观茶的形态变迁史，普洱茶仿佛是一个因时空交错而遗落在遥远七彩云南的绝世而独立的佳人。在紧团茶倍极尊荣的唐宋时期，她抱朴守拙，以"散收，无采造法"的自然钟野姿的形态，游离于中原人士的视野之外。中原腹地，紧团茶历唐宋元明数百年，遇上了出身草莽的明太祖朱元璋，一道"罢造龙团"的圣旨，使紧团茶旧有的尊荣在君恩浅处化作过眼云烟。或许是山高皇帝远，极边之地的云南，假以"蒸之成团，西蕃市之"的现实需要之名，承继了紧团茶的衣钵。

有清一代，普洱茶名播天下。瑞贡天朝的普洱茶，散茶与紧团茶并存。比照中原腹地的名优绿茶，拣选幼嫩芽叶制作上贡的普洱散茶，无疑是为了迎合主流。另一种拣选幼嫩芽叶制

晒青毛茶

作上贡的紧团茶，则有讨得皇帝欢心并以此来表达忠心的意味。这从上贡皇帝的普洱紧团茶的名称和形态，就可以管窥一斑。

现有的文献中，有明确记述女儿茶的，非普洱茶莫属。从清乾隆年间的张泓和稍晚道光年间的阮福对女儿茶的描述，我们可以看到，采制女儿茶的是被称为"夷女"的少数民族女子。阮福描摹女儿茶形态为"小而圆者"。这种形态出现的缘由，我们在一次又一次游历云南普洱茶山的过程中，寻找到了答案。在景迈芒景的哎冷山茶魂台，在巴达章朗布朗族博物馆，在南糯山半坡寨，在布朗山老班章寨子，我们依然能够看到保存完好的少数民族原始宗教信仰，那就是生殖崇拜。从母系社会到父系社会，再到后来的文明社会，发达的中原文明先民一脉相承的祖宗崇拜，落后的云南少数民族文明延续至今的生殖崇拜，本质并无不同。从人类文化学的视野来考量，女儿茶正是云南少数民族古老宗教信仰的产物。在封建王朝的皇帝看来，"普天之下莫非王土，率土之滨莫非王臣"。为了向皇帝表达忠心，上贡皇帝女儿茶都隐含着深层的寓意。另一种普洱紧团茶人头贡茶，尽忠的意味更加明显，"君要臣死，臣不得不死"。在普洱市博物馆，隔着玻璃，我长久地凝视普洱贡茶。在我看来，女儿茶、人头贡茶中蕴含有狞厉之美。

普洱茶名称和形态的变迁，无言地诉说着云南边疆文明和中原文明之间从未停止过的交流和融合。清中期用来上贡的女儿茶，到后期被称为景谷姑娘茶，雅称为私房茶。民国时期进而为更加文雅含蓄的名称"沱茶"所取代，馒头形也替换为窝窝头形，这显而易见是中原文化与少数民族的边疆文化交融的结果。

女儿团茶

普洱金瓜贡茶

普洱金瓜贡茶

圆茶

紧茶

方茶

新中国成立以后，从 20 世纪 50 年代到 80 年代中期，最好最细嫩的原料用来制作沱茶内销；老嫩适度的原料用来制作圆茶侨销；边销的则是牛心形紧茶，牛心形紧茶又名蛮庄茶，后来被砖茶取代（1986 年又恢复生产心形紧茶，但量较少）。这些都写进了茶学的教科书中。饼、砖、沱，毫无疑问是普洱茶的主流形态。如果我们以中国传统的哲学来看待这些形态，天圆地方，人为万物之灵，其中所蕴含的美学便可浮出水面。

侨销东南亚等地的圆茶，无声地召唤那些侨居海外的游子，每逢佳节倍思亲，举杯邀陪明月，低头思恋故乡。

边销藏区的砖茶，召唤中华儿女用自己的血肉之躯铸就新的长城。

内销的沱茶，饮茶思源，莫忘亲恩。

普洱茶的汤色之美

普洱茶终其一生，在不断变换着身份，这其实与我们人一样。

从茶树上采摘下来的嫩叶，到锅炒杀青，揉捻做形，日光干燥，名为晒青毛茶。现代人以茶叶科学的名义，赋予了它一个明确的身份——大叶种晒青绿茶。它的汤色黄绿、清澈明亮、富有光泽。

晒青毛茶一经紧压成型，身份发生了变化，普洱茶的国家标准自此开始承认它属于普洱生茶的合法身份。历史上，生茶向来占据主流。新鲜的普洱生茶，仍然属于绿茶的范畴，茶品的汤色依然以绿为美。奇妙之处在于，这才仅仅是普洱生茶变

普洱生茶汤色

普洱生茶汤色

普洱熟茶汤色

化的开始，历经经年的储存，普洱生茶的汤色由绿转黄，逐渐变红，汤色的变化意味着普洱生茶品质的升华。因其汤色后期变化大，周期漫长，展现的是普洱茶的古典美学因子。

晒青毛茶经过泼水渥堆发酵，有了另外一个名字——普洱熟茶。无论紧压与否，都是法定的身份与地位。熟茶的汤色红浓明亮，在后期储存的过程中，色泽变化较生茶小得多，仍然以红色为基调，只是在汤色的深浅和明亮度、清浊度上有所不同。普洱熟茶问世较晚，展现的是普洱茶的现代美学因子。

茶文化视野下审视普洱茶的汤色，崇奉的是"道法自然"的原则，各类普洱茶品汤色，无不遵循这一原理。色彩绚烂的普洱茶汤色，淋漓尽致地展现出普洱茶美学的丰富性，亦如我们多姿多彩的生活。

中国茶的主色调向以绿色为基调，中国人固守着这一抹绿色，沉醉其间。地域色彩强烈的青茶、黄茶，边销的黑茶，外销的红茶，各据一方。放眼国内外，茶的世界，版图色彩不一。变革自 20 世纪 80 年代开始，短短三四十年的时间，国内茶版图色泽渐趋斑斓。文化的交流和融会才是核心。

从高原之地的藏区到港澳台，再到东南亚及其他国家，后又返回内陆。普洱茶行销的路线，犹若茶马古道般曲折迂回。从固守传统到接纳创新，文化的交流和融会从未停歇。

生茶也好，熟茶也罢，随着岁月的绵延，普洱茶终将老去。老而弥坚，愈陈愈香。时间成就了普洱茶，也造就了我们，结果好与不好，要回过头来看先前种下的因。

老子说："五色令人目盲。"但愿在普洱茶汤色转换的过程中，我们能够照见初心，莫失莫忘。

普洱茶的香气之美

令人愉悦的气味谓之香气，香气乃是普洱茶美学的核心和灵魂之一，闻香识普洱，借由香气的引领，我们步入茶世界的桃花源，自此不闻他茶，唯爱普洱。

自唐以降，历代名茶都深受传统文化影响，尤以占据主流地位的名优绿茶为甚。绿茶自古及今都追求清新自然的香气，清香、嫩香、毫香、花香、果香……清雅怡人，是茶与生俱来的气质。

茶圣陆羽在《茶经》中要求茶人身体力行"精行俭德"，被后世崇奉者以拟人化的方法，投射到了茶品的香气上。宋代范仲淹所作《和章岷从事斗茶歌》有茶香"薄兰芷"的描绘，明代的张源《茶录》描摹茶品香气，认为茶"有兰香"。兰为花中四君子之一，以其高洁的品性被誉为君子的象征，花香中尤以兰花香味殊胜。以兰香喻茶香，是传统文化浸淫下的茶人对茶品最美好香气的追求。

清代张泓在《滇南新语》中描摹岁贡的芽茶，已改用了"味淡香如荷"的美好词汇。兰、荷，在香气的文化品性上一脉同源。普洱茶在上贡的机缘下，凭借士人的生花妙笔，开启了融入主流茶文化的进程。

传统茶文化视野下，茶品香气，以纯为本，道法自然，以香喻德。如今最为美好的普洱茶香气，一如既往，被誉为兰花香。

当今的普洱茶，在所有的茶类中，以众多的名山头乔木古树生茶独树一帜，几无产品堪与其比肩。以哲学观点视之，茶，天涵、地载、人育的灵物。每一座山的茶品，都有着曼妙迷人而又风格卓绝的香气：易武茶的兰花香，景迈茶的花蜜香，冰岛茶的冰糖甜花香，贺开茶的果密甜香等，都可以视为现代茶文化兼纳并蓄，多元化思维下的产物。

迎合现代潮流，20 世纪 70 年代诞生的普洱熟茶，在普洱茶香气美学上，属于现代产物。熟茶香气有普香、梅子香、枣香、参香和陈香，无需长期等待，当下即可享受。

回溯过往，自唐及明，"茶出银生城界诸山，散收，无采造法"的云南茶，自始至终都是一个异数。它的出产地域长期游离于中原王朝的核心统治之外，普洱茶在遥远的遍地雨林中倔强地生存了下来。边地之人从不掩饰对中原文化的向往，现今滇南少数民族所崇敬的茶祖诸葛亮即是佐证。可惜受到正统文化教育的士人，看待这茶多有偏见。迟至明代谢肇淛在《滇略》卷三中云："士庶所用，皆普茶也，蒸而团之，瀹作草气，差胜饮水耳。"

每个时代，总有为数极少的杰出之人，能够超越身处时代的局限性。明代云南大理白族进士李元阳在《大理府志》中记载："感通茶，性味不减阳羡，藏之年久，味愈胜也。"这种远见卓识，令今天的我们自愧弗如。幸运的是，数百年以后，李元阳有了自己的知音，那就是台湾师范大学邓时海教授。他化用李元阳的观点，提出普洱茶越陈越香，使普洱茶香气臻于独特的文化境界，并由此跻身主流茶文化的行列，为当代世人所公认。

普洱生茶，一脉传承，承继千年古典茶美学的香气精髓。

普洱熟茶，开拓创新，展现当下现代茶美学的香气潮流。

普洱老茶，继往开来，融会古典与现代茶美学香气之大成。

茶香悠长

普洱茶的滋味之美

茶的滋味五味皆蕴，我们用自己的味觉来感知茶味。舌尖最能感知甜味，舌根于苦味最敏感，舌的两侧对于酸味尤为灵敏，舌头的表面着重于涩味。茶的滋味就是生活的滋味，亦是人生的滋味。

"自从陆羽生人间，人间相学事新茶"，自中唐时期陆羽的时代开始，中国茶脱离中药的范畴转投饮品的怀抱，美味成了共同的追求。

绿茶引领下的古典茶美学"贵新"，向以新鲜自然为上。

我们暗自猜想，或许是远离茶产地的缘故，越是不易得，越是令人珍惜。

翻看茶史，中小叶种的名优绿茶一直深受人们的喜爱，自唐及今，已逾千年。如今，普洱茶的原料晒青毛茶虽然与名优绿茶同属一类，滋味都以"涩、苦、鲜"为主，但在强度上却有天壤之别。或许是因长久以来的饮食习惯，滋味清淡的名优绿茶更受青睐。与之相比，大叶种的普洱生茶苦涩感强烈，远超中小叶种的名优绿茶。在鲜爽度上与其相比，亦无明显优势。是故普洱生茶一直无法跻身名优绿茶的行列。

如今名山头乔木古树普洱生茶风行，科学家认为这是其所含物质与名优绿茶相若的缘故。探寻普洱茶的滋味美学更具趣味性，引人入胜。

普洱生茶被邓时海先生划分为阳刚型与阴柔型两大风格，普洱茶由此独具茶美学风格。

阳刚型的普洱生茶滋味苦重，苦的类型千姿百态，苦的强度各不相同。小勐宋生茶苦比黄连，苦后无甘；大勐宋生茶苦感尖锐，回甘迅猛；老曼峨苦感凝重，回甘较慢；老班章苦甜平衡，入口有苦，迅疾回甘；新班章苦感较重，回甘较快。

阴柔型的普洱生茶滋味甜美，香甜的类型各异，风格绝不相同。易武生茶有兰花香味，香甜柔美；贺开生茶如果蜜甜香，甘甜醇美；景迈茶有花蜜香味，甘甜纯正；冰岛茶花样芬芳，似蜜如糖。

我们禁不住赞叹，再没有任何一种茶如普洱茶这般具有如此丰富的多样性和各具特色的个性风格。

普洱熟茶所代表的是一种现代的茶美学风格，20世纪70年代诞生的普洱熟茶，因为产地气候、原料、发酵工艺等区别，昆明茶厂、勐海茶厂和下关茶厂国营三大厂出品的熟茶各具特色。正如台湾的普洱茶专家石昆牧所言，2004年以前的市场熟茶主流，以下关系（7663熟沱）、勐海系（7572、8592、7262熟饼）和早期昆明系（7581熟砖）为代表。

将熟茶按照风格划分，以勐海茶厂出产的熟饼7572、8592和7262为例，这些茶有着广为世人所知的"勐海味"。我们认为"勐海味"正是一种普洱茶滋味美学名称。

茶文化视野下的绿茶滋味审美，向以"淡中品至味"为主流。由此不难理解，为何明代普洱茶会被士人鄙薄为"瀹作草气，差胜饮水耳"。到了清代，上贡皇帝的芽茶"味淡香如荷"，可见普洱茶极力向名优绿茶滋味靠拢。20世纪50年代以后，普洱茶作为一种边销、侨销的茶品，仍然不为名优绿茶所容，晒青茶被评价为绿茶中品质最差者。这显然是主流文化思维下的一种傲慢与偏见。

清代诗人陆次云形容龙井茶："此无味之味，乃至味也。"这一点被邓时海教授巧妙地借鉴过来描绘普洱茶："大多数的品茗高手，都公认'无味之味'是普洱茶的最极品。"并上承明代士人李元阳对普洱茶"藏之愈久，味愈胜也"的赞誉，提出普洱茶"愈陈愈香"，由此普洱茶大行其道。这一点可以视为普洱茶美学传承与创新的典范。

对啜得趣的爱茶女子

悠然自得品茶的老人家

普洱茶的叶底之美

茶，经历沸水的冲泡洗礼，奉献出了色泽优美的茶汤，氤氲出曼妙殊绝的香气，浸润出五味皆蕴的滋味，最终渐渐舒展开来。将茶叶投入清水中，浮沉之间，恢复到初始的面貌，一叶一菩提，映衬出万千茶世界。

唐宋时期的绿茶，以蒸青紧团茶为主流，唐煮宋点，谓之吃茶。自明代开始，散茶形态的绿茶成为主流，遵循的是道法自然的艺术鉴赏原则，瀹泡以后的茶之叶底，再次回归到自然的形态。这种艺术鉴赏的方法深入人心，在贵嫩、贵早的名优绿茶中尤为明显。面对冲泡以后自然舒展的茶芽，人们总是不自觉地发出由衷的赞赏。

延续这种道法自然的艺术鉴赏思维，清代上贡皇帝的女儿茶、芽茶之属，同样贵嫩、贵早，堪与名优绿茶相媲美。

从20世纪50年代至80年代，整体来看，细嫩原料压制的沱茶内销，较为细嫩的原料压制的圆茶侨销，粗老原料压制的紧茶、砖茶边销。完全以原料的老嫩区分茶之优劣，是故晒青茶被视为绿茶中品质最差者。

这种思维延续到了20世纪70年代以后诞生的普洱熟茶上，以勐海茶厂的普洱熟饼茶为例，原料粗老的8592为低档熟饼，原料老嫩适度的7572为中档熟饼，原料较嫩的7262为高档熟饼。细嫩原料发酵的普洱熟茶被命名为宫廷普洱。

既往以原料的老嫩来评价叶底，一目了然。但以茶美学的方法看待叶底，细嫩不再是唯一的法则，反倒是原料老嫩适度的，无论新茶或者愈陈愈香的老茶，后期的综合表现都更胜一筹。阴阳辨证的艺术鉴赏方法融入了茶美学之中。

晒青毛茶叶底

结语

我的普洱美学主义，将普洱茶置于自唐及今历代茶美学的大时代背景之下来审视。

普洱茶的美是古典的，承继了古典茶美学的精髓。普洱茶的美又是现代的，开创了现代茶美学的新领域。

普洱茶的美是地域的，凝结了云南各民族历代茶美学的精华。普洱茶的美是中华的，开创了中华茶美学的新境界。

普洱茶的美属于我们每一个人，美在你我，美在每一个人的心间。

第九章

读懂普洱茶

泡茶图解

盖碗泡茶法

第一步　备具

第二步　赏茶

第三步　温杯

第四步　置茶

第五步　润茶

第六步　冲泡

第七步　分茶

第八步　奉茶

第九步　品茶

第十步　洁具

第十一步　收具

紫砂壶泡茶法

第一步　备具

第二步　赏茶

第三步 温杯

第四步　置茶

第五步　润茶

第六步　冲泡

第七步　分茶

第八步　奉茶

第九步　品茶

第十步　洁具

第十一步　收具

后　记

一位茶痴的十载游学路

刘　谋

早先接触普洱茶的时候，除了在本刊（《普洱》杂志）还有和茶相关的公众号文章中频频见过"马哲峰"这个作者名外，连他是河南籍这样的基本信息都不甚了然。随着阅读和听闻渐多渐广，"马哲峰"这位普洱茶学者的形象日渐丰满起来。然而，初次见面，他此前留给我的印象就被完全抹除。——故事从"他确是一位正经老师"开始。

无心插柳入茶行

曾有两位来自东北的女学生在马哲峰开办的茶文化工作室学习，因为上课，她们频繁往来于家乡和河南，家人误以为她们被卷入了传销组织，放心不下，亲自到郑州探视。在见到马哲峰本人之后，他们就得出了那个"他确是一位正经老师"的结论。事实上，早在十年前，马哲峰就已经是一位很"正经"的老师了——他离职创办自己的茶文化工作室之前，就职于河南某院校，教授酒店管理课程。至于他投身茶文化教育的原因，颇有些无心插柳的意味。此后，马哲峰始终是一位正经的教育工作者，甚至可称为教育活动家。

当时，马哲峰就职的院校增设了一门茶文化专业的选修课，安排他担任授课老师。这并非马哲峰的本专业课程，他不得不边学边教，从此，也算开启了他的茶文化启蒙之旅。为了备课，他翻阅了不少茶文化相关书籍。那个年代，大学生对习茶也提不起多大兴趣，反倒是马老师自己因此爱上了茶。他敏学好问，发现许多茶类书籍囿于作者自身的学科背景，写得不够严谨，甚至有各家观点相左的情况。实践出真知，于是他决定靠"两条腿走路"的方式摸索。校内授课任务并不繁重，这为马哲峰的"不务正业"提供了大把时间。20世纪90年代末，当时偌大的郑州，茶店、茶馆统共不超过200家。2003年，郑州第一家专业茶叶批发市场开业，228家商户多是来自信阳、安溪的茶农，于是，那个地方成了马哲峰开展早期茶学研究的大本营。当时，整个批发市场只有一家20平方米的门店经营普洱茶，马哲峰回忆，店里有好几个紫砂缸子，标注着"十年""二十年""三十年"的字样，那时候普洱茶"越陈越香"的概念尚未普及，所以，商人们也就蒙着鼻子骗眼睛。

自2003年起，马哲峰便在郑州茶叶批发市场兼职策划。有一次，在参加重庆永川茶文化节期间，他结识了普洱茶专家苏芳华教授，由此才第一次敲响普洱茶的门户。那时候，马哲峰肠胃不太好，活动上，摆在他面前的永川秀芽也算是名优茶类，但他只抿了一口就不喝了。这一举动被苏芳华教授看在眼里，他有些不解，攀谈之余，了解到马哲峰胃寒之后，老爷子笑了笑，请马哲峰喝自己从云南带来的普洱茶。马哲峰笑着回忆，当时，他是捏着鼻子对老爷子连说"好喝好喝"的。

后来，热心的苏芳华教授又给他寄了足够喝一年的普洱茶，马哲峰把这玩意儿当处方药喝完了，虽然他后来判定这些茶不过是入门级的普洱熟茶，档次并不高，但他的肠胃终于不再如从前那么娇气了。

马哲峰一直很珍惜这次的缘分。2006 年，在郑州茶叶批发市场企划部策划主导的《大河报》茶文化专场活动中，他把老爷子邀来当鉴宝师。当时，有人拿着一块普洱茶砖找来了，苏老闻了一下，给出了很郑重的建议："你这古董一股子樟脑味儿，建议不要喝。当然，就算喝了，也喝不出什么大事来。"原来这块茶砖是朋友给的，那人不知道怎么摆弄，就直接扔衣柜里去了。早年郑州人不了解普洱茶的状况由此可见一斑。马哲峰在那时候就已经看到茶文化教育这一行有潜力可挖，于是也就开始了最初的茶文化宣传活动。

茶文化的"渗透"精神

2006 年到 2007 年间，郑州卷入第一波普洱茶热潮，一夜之间，市场里半数的商户都挂出了普洱茶的招牌，另外一半的商户也都兼营起普洱茶，大益、六山、下关这些品牌正是在那时候入主中原市场的。除了商家囤积居奇之外，许多生意场上的人甚至在对普洱茶一无所知的情况下，也开着商务车去茶叶市场抢货。而市场上，拿着滇红压制的饼茶当普洱茶卖的不在少数。2007年上半年，普洱茶在郑州的市场价飙升至出厂价的三倍。还好，马哲峰当时没有跟着起哄，不然，我们今天可能就会失去一位优秀的普洱茶文化传播者。那时候，他是比较冷静的。

2007年，普洱茶的风头正劲，当时郑州有一家普洱茶专卖店——茶根缘普洱茶交易行，一口气开了十几家分店。其中心门店以600元/平方米的高价设计，把店面打造得极富韵味，并云集了那时候河南省学历最高、形象最佳的事茶人员。回忆起当时的场景，马哲峰说，他虽说受邀去传授一些茶知识，但实际的情况是，完全用不上他，事茶的姑娘们只要往那儿一站，货柜上的普洱茶便流水般地往客户手上走。那时候的场景，用马老师的话说，就是"姑娘们真像是白天鹅一般高傲"。然而，这样的势头没持续多久，2007年下半年，普洱茶价格大跌，茶根缘普洱茶交易行一夜之间变得门可罗雀。那些日子，马哲峰一直喝着信阳毛尖茶，说是应该冷静冷静。2008年普洱茶行情下行的时候，马哲峰终于正式辞去院校里的教师工作，投身茶文化教育事业。也正是从那时候起，他又喝起普洱茶来。

人比山高，脚比路长。用这话来概括马哲峰近十年的茶区考察活动，一点儿都不为过。2011年之前，马哲峰主要游历福建武夷山、四川雅安、重庆永川、浙江杭州等地，把六大茶类名优茶产区转了个遍。他第一次到云南茶区考察，是普洱茶在河南省因"冰岛"之名而声名大振时。马哲峰接触到的最早去冰岛做茶的同乡同行，曾经也是一名大学教师。这位同行留给他的二两茶，被马哲峰搁置一旁大半年，一次午后读书犯困，他偶然想起泡来喝了，茶一入口，他瞬间就被外形不起眼的冰岛茶惊艳到，于是他决定去云南的茶山走走，想去看看出此好茶的到底是个什么样的地方。当时，马哲峰的茶学研修班主要面向考评茶师证的学员，一天，课程结束后，有学员问："咦，普洱茶课程都还没上，就结束了吗？"这让马哲峰有点受挫，他意识到，随着普洱茶市场滚雪球般疯狂扩张，普洱茶在民间的影响力与日俱增，他不能再忽视这个板块的功课了。2011年，马哲峰花了一周时间考察古六山。可是，易武老街的颓败、招待所的蜘蛛、连同落水洞那棵老茶树，都让他感到失望，比起书本上的画面，现实着实有些落差。不过，即便如此，即便他也像他的好多学员那样宣称——"我再也不来云南的茶山啦"，到第二年的春天，他又去云南转茶山了。这次马哲峰考察了西双版纳州南糯山、贺开、老班章以及普洱市的景迈山、困鹿山等多个知名茶区。路越绕越远，圈越兜越大，之后年年如此。他的茶学研修班也正是在这时候开始设立独立的普洱茶课程。2013年，"转山"这项活动被做成了研修班的一个游学项目。知者乐水，仁者乐山。独乐乐不如众乐乐。茶厂、茶山、茶人，都成了学员们习茶的核心内容，由此，马哲峰产、学、研结合的普洱茶学课程逐渐完善起来。

这次中原之行有幸当面受教，还不用交学费，真是笔者莫大的机缘。马哲峰作为一名"正经"的普洱茶教育工作者，最让人敬佩的不是他的丰富阅历——他走过的路实在比好多闭门造车的茶专家学者多，也不是他的博闻强识——他收集阅读的茶类藏书超过 6000 本，而是他对于茶文化教育的蜡炬精神、他治学的严谨态度和对茶文化推广传播的使命担当。他连续三次参加教育部茶学高等院校研讨会。目前全国有 80 多所院校设置有茶学专业，每年毕业生超过 1 万。学院派主要担负学历教育的社会职责，而马哲峰的行知茶文化讲习所和它们的关系是互为补充的。2014 年前，河南 130 余所高校除三所茶学院校外，开设茶学课程的不到 5 所。马哲峰率先发起茶文化进高校公益项目，通过为院校代培师资，推动了 20 余所高校开设茶文化选修课程。

一直以来，马哲峰不仅深入茶区进行调研活动，且常年奔波于茶文化教育第一线。2016 年，他在河南、山西、陕西、天津、北京等地连续开展了三十几场以"大美中国黑茶"为主题的巡讲活动。他平均每年做一项茶文化主题系列讲座，受众包括高校师生、社会团体、党政机关干部等。他还鼓励自己的学生多创造机会去高校宣讲茶文化。

和马哲峰相约在一家老茶馆茶叙。当听到茶艺师说起这五六年进茶馆的年轻人越来越多时，他流露出一种很自然的自豪感，欣慰一笑。说到茶文化的大力推广，他用到"渗透"这个词。想来，一个中原地区人人习茶、事茶的场面，一定不会太遥远了吧。

云南茶学界的许多人提起马哲峰，都说欠他一个"普洱茶教育终身成就奖", 对于这位河南籍茶学者, 云南茶友们的热爱之情可说是溢于言表了。

刘谋, 《普洱》杂志编辑, 参与编辑出版有《时间的味道——普洱茶仓储实践》《从混沌到澄明: 1993—2008 年普洱茶史录》《熟茶: 一片茶叶的蝶变与升华》等。